ヒトの原点を考える

進化生物学者の現代社会論100話

長谷川眞理子

東京大学出版会

On the Origin of Human Nature
Mariko HASEGAWA
University of Tokyo Press, 2023
ISBN 978-4-13-063382-6

はじめに

現代社会は驚くほどのスピードで変化している。中でも通信機器の変容の速度は速く、人々の生活を劇的に変えてきた。たとえば、総務省によると、日本で携帯電話というもののサービスが開始されたのは一九八七年だが、固定電話に代わって携帯電話が急速に普及したのは一九九三年だそうだ。以前は電話をかける、電話を受けるという行為は、電話機のある場所でしかできなかったので、緊急の場合は、電話機を見つけねばならず、不便であった。それが携帯電話になると、誰もが自分自身の電話を持ち歩くことになり、いつでも容易に連絡を取り合うことが可能になった。これで人々の働き方や生活が大きく変わった。

インターネットも、日本でサービスが開始されたのは一九九三年ということだが、急速に普及するようになったのは二〇〇〇年以降だろうか。今では人口の八割が利用しているという。二〇二二年の日本は、一五歳未満が全人口に占める割合が一一・六パーセント、九〇歳以上の占める割合が一・六パーセントということなので、使える人はほぼ全員使っているということだ。

そしてスマートフォン（スマホ）である。ＮＴＴドコモモバイル研究所によると、携帯電話などを持っている日本人の中でスマホを持っている人の割合は、二〇一〇年にはたった四パーセントほどだったのが、二〇二二年には九四パーセントになったということだ。

スマホは携帯電話と同じものではない。これはミニ・コンピュータだ。インターネットで世界中どこともつながられる技術が、手のひらの中に収まっている。ゲームもできれば映画も見られる。買い物もできる。検索もできる。道案内もしてくれる。だから、電車の中でも街中でも、スマホに目が釘付けの人ばかりの世の中になった。

こんなに大きな変化が一〇年ほどの単位で起きているのだから、すべての人たちがこの変化にリアルタイムで追いついていけるわけではない。私もその一人だが、何でもスマホで処理するというのは苦手である。一方、子どもたちは、このような新しい環境に生まれ込んできて、こんな技術を使いながら育つので、私たち大人よりははるかによくこれらを使いこなしている。

では、今の子どもたちは、こんなＩＴ環境に生物学的に適応するように、「進化」しているのだろうか。そんなことは全くない。彼らの遺伝子の構成は、以前の人間たちと変わらない。指先を器用に動かして文字を高速で打ち込んだり、ゲームをしたりしていても、彼らのからだや脳を作っている遺伝子は、私たちと同じである。私たち人類は、技術の発展に追いついてリアルタイムで進化してはいないのである。進化は、もっとゆっくりとした変化だ。

このことを、もっと長い時間軸で見てみよう。一〇〇年前の人間は、現在の人間とは生物学的に異なるだろうか。一〇〇年前の一九二〇年代は、自動車が普及し始めた時期だ。自家用車を持っている人など、ほんの一握り以下だったろう。では、その頃の人々の遺伝的構成は、今の人々とは異なっていたのだろうか。そんなことはない。変わったのは私たちが使う技術であり、文化のほうである。

こうしてずっとさかのぼっていくと、私たち人間が進化した舞台、私たちのからだと心の働きが進化した舞台に到達する。それは、狩猟採集生活だ。人類という生物が、他の類人猿から分かれて進化したのが六〇〇万年前、今の私たちと似たような体型のホモ属という人類が出現したのが二〇〇万年前、私たち自身であるホモ・サピエンスが進化したのが二〇万年前である。この長い進化史のほとんどにおいて、人類は狩猟採集生活をしていた。私たちのからだと心は、そんな生活の中で作られてきた。それが、もともと大変に可塑性が高く、広くさまざまな環境に対処できる素地を持っていたために、今、このような変化にもなんとか対応して暮らしているのである。

現在でも狩猟採集生活を送っている人々は存在するが、彼らも私たちと全く同じ人間である。逆に、私自身は狩猟採集で生活していくことなどできないが、私たちの赤ん坊も、狩猟採集生活する集団の中で育てれば、立派な狩猟採集民になるのである。

人間の特徴は、自分たちが住む環境を、自らの手で改変していけることだ。この脳とからだは、自分たちの好みに合うように環境を変え、そうする技術をみんなで共有することで、社会を変えてきた。生物進化の時間の流れで言えば、ほんの一瞬とも言える短い間のことである。

こうして作り上げてきた社会が、本当に人間にとって心地よいものとなっているのか、どこか方向が違っているのか、本当に幸せな社会を作るにはどうしたらよいのか、そんなことを考える基軸として、人類進化史を知ってもらいたいと願う次第である。

二〇二三年六月

長谷川眞理子

目次

＊本書は、雑誌『財界』に二〇一八年九月一一日号から連載中のコラム「ヒトの原点を考える」第1～100回を再構成の上、改稿し、引用文献・図版などを補ったものです。

I　ヒトの進化とは

1　人類学とは

人類学というと、たいていの人は文化人類学を思い浮かべる。文化人類学は、さまざまな民族の持っている文化を研究する学問である。日本の大学に置かれている「人類学」を冠する学科のほとんどは、この文化人類学だ。

人類学には、しかし、もう一つ、自然人類学がある。これは、ヒトという生物がどのように進化してきたのかを探る、生物学の一分野だ。自然人類学を専攻として持っている大学は、日本では東京大学と京都大学をはじめ、数えるほどしかない。しかも、それぞれ数名しか定員がないので、自然人類学の認知度が低いのも当然だろう。

私は、その自然人類学の出身である。これまでの学者人生では、ヒトに最も近縁な生物であるチンパンジーの行動と生態の研究から始まって、シカやヒツジ、クジャクなど、ヒト以外のいろいろな生物の行動を研究してきた。

そして、紆余曲折を経て、二〇年ほど前から、ヒトの進化、それも、ヒトの行動や心理の進化を研究している。自然人類学出身とは言うものの、四五歳を過ぎてやっと、人間の進化を探究できるほどに、人間についての知識と経験が身についたということだろうか。

普通、人は、自分が物心ついてから生きてきた年数で歴史を体感する。「歴史」というものを学べば、奈良時代、古墳時代ぐらい昔まで、想像はつくかもしれない。

ところが、生物学的に見れば、現在のヒトであるホモ・サピエンスという種が出現したのは、およそ二〇万年前である。ヒトの特徴の多くは、この二〇万年の間に作られた。しかし、さらにさかのぼって、今のような形で直立二足歩行する人類（ホモ属）と呼ばれる生物が出現したのは、およそ二〇〇万年前である。ヒトは、その頃に進化した特徴もいまだに引き継いでいる。

さらに、ヒトは哺乳類の一員であり、雌が妊娠・出産・哺乳して子育てをするという特徴は、六五〇〇万年の哺乳類の進化を背負った性質である。

この、想像の範囲を超えた生物進化の歴史を知ることは、ヒトを理解する上で非常に重要だと私は思う。なぜなら、ヒトはたしかに大きな脳を持っていて、普通の動物には考えられないことをたくさん考えることができるが、脳は万能コンピュータではないからだ。脳を含むヒトのからだは、この長い進化の歴史でうまくいくように進化してきた。その進化の舞台は、現代社会における生活状況と同じでは決してない。

先進国におけるヒトの日常生活と社会は、この一〇〇年の間、特にこの二〇年ほどの間で激変した。その変化に、からだも脳もついていけない部分がある。それが何かについて、自然人類学の観点から考えていきたい。

2　ヒトの脳はなぜ大きい？

私たちヒトは脳が大きい。この脳を使ってたくさん発明、発見をし、文明を築いてきた。こんな動物はいない。

では、ヒトは最高の動物なのかと言えば、生物の進化に一番、二番などという序列はない。この地球上に存在している生物はどれもみな、それなりのやり方でこれまでうまくやって、存続してきた。ミミズには脳などないが、そこらじゅうの土の中で繁栄している。コウモリはコウモリなりに、イチョウはイチョウなりに、大腸菌は大腸菌なりにうまく存続している。

ヒトの脳はたしかに大きい。普通、動物のからだの大きさと脳の大きさとの間には一定の関係があり、当然ながら、からだが大きいほど脳も大きくなる。動物一般に見られる関係から推測すると、ヒトの脳は、同じ体重のサル類の三倍にもなる。たしかに驚異的な大きさだ。

なぜこんなに脳が大きくなったのか。人類の進化史の舞台で、学校の勉強などというものはなかったし、コンピュータも飛行機もなかった。こんな科学技術を考え出すことに価値があったから、この脳が進化したのではない。

では、何なのか。そこには、おそらく二つの筋書きがある。一つは、他者の心を読み、コミュニケーションをとる能力である。ヒトは、集団を作ってみんなで協力しなければ生きていけない。しかし、集団を構成する個人間の利害は、必ずしも一致するわけではない。競争もあれば、抜け駆けも裏切りもある。それらを理解して対処するには、他者の心を読み、自分の意志を適切に伝えなければならない。これは、大変に複雑な仕事なのだ。これを「社会的知能」と呼ぶ。

二つ目は、現象の因果関係を理解し、何をすれば何が起こるかを推論する能力である。森林から草原に出て新たな環境に進出した人類は、いろいろな道具を製作することで適応していった。こちらは「道具的知能」と呼ばれる。

昨今、一部の人について「空気が読めない」とか「コミュ障」とか言われることが多いが、それは社会的知能に関する問題だ。ヒトは誰であれ、チンパンジーなどの他の動物と比べると社会的知能は高い。その上で、人々の間に個体差があるわけだが、一昔前までは、こんなにそれが問題視されることはなかったのだと思う。

昔から「コミュ障」はいたが、現代社会では第三次産業が急成長し、多くの人が他者とコミュニケーションせねばならなくなったので、それが目につくようになったのである。「もの作りは一流だが、ぶっきらぼうで偏屈な職人さん」的な人を、現代はもう許容できないのか。そこにも多様性の尊重がほしい。

3　ヒトはどんな環境で進化してきたのか

私たちヒトは、ホモ・サピエンスという動物である。ホモ・サピエンスは、およそ二〇万〜三〇万年前にアフリカで出現した。その後、およそ一〇万年前からアフリカを出て世界中に拡散し、現在に至っている。では、このホモ・サピエンスという動物はどんな環境で進化してきたのだろうか。

もともとはアフリカのサバンナで進化したのだが、その後、南極大陸をのぞくすべての大陸に広がった。ホモ・サピエンスは、熱帯から寒帯まで、砂漠から森林まで、海岸から高地まで、あらゆる生態環境に適応してきた。つまり、ホモ・サピエンスが適応してきた「一つの」生態環境というものはないのである。

ライオンは、アフリカの草原で大きな獲物を狩る捕食者として進化した。ニホンザルは、日本列島の温帯の落葉広葉樹林で葉や果実を食べるように進化した。というような意味では、ホモ・サピエンスの進化環境はどのように要約されるだろう?

ホモ・サピエンスは、その進化史の九〇パーセント以上を、狩猟採集者として暮らしてきた。食べられる動物を狩り、植物を採集し、火を使って調理し、余った食べ物は冷蔵庫なしで保存する方法を考案してきた。食物が得にくくなると、別の新しい土地へと移住した。

狩猟採集生活とはどんなものか、現代社会に住むほとんどの人々には、想像もつかないかもしれない。しかし、今でもそんな生活様式を守りながら暮らしている人々が世界中に点在している。彼らの生活を研究することにより、ホモ・サピエンスの本来の生き方がどんなものだったのか、科学的に推察することができる。

北極のイヌイットの人々から、アフリカの熱帯林に住むピグミーの人々までいるのである。食べ物一つとっても、ホモ・サピエンスに典型的な食事というものが具体的にあるわけではない。しかし、どこに住んでいるどんな人々にも共通する「ヒトの食物」の特徴は、高エネルギー、高栄養で、獲得するのがかなり困難なものを食べているということだ。

そして、そのような食物を得るためには、高度な道具の使用が必須である。その道具を製作し、うまく使用するためには、高度な知識と訓練が必要である。子どもが育って一人前のおとなになるには、そのような高度な知識を習得し、技術の訓練を長く行わねばならない。

ヒトは、これらすべてを単独ではできず、社会を作って互いに協力せねばならない。そのためには、競争と協力の複雑な社会関係に関する高度な知識も必須である。抽象化すれば、ヒトは世界のどこで暮らそうと、こんな条件を満たす文化の中で生きてきた。現在の文明生活も、その延長上にあるにすぎない。

4　ヒトは共同繁殖

サルやチンパンジーの赤ちゃんは、生まれた時から母親の毛につかまって運ばれる。ところが、ヒトは体毛のほとんどを失ったので、ヒトの母親にはつかまる毛がない。だから、赤ちゃんは、しばしばどこかに置いておかねばならない。

ヒトは、血縁も非血縁も含めた大勢で共同体を作って暮らしている。定住生活ではない狩猟採集民の人たちも、毎日どこかにキャンプを設営して暮らしている。そこで赤ちゃんを置いておけば、みんなが見ることになり、母親以外の個体でも赤ちゃんの世話にかかわることが可能だ。

おまけに、大きな脳を持った赤ちゃんの成長は遅く、離乳したからといってすぐに一人前になるわけではない。そもそも、大きな脳を持ったおとなたちが営んでいる生活が複雑なので、そんな複雑なことがすべてできるようになるまでには、長い時間と、練習による経験の蓄積と、年長者による教示が必要だ。こんなことのすべてを親だけでやることはできない。

そこでヒトは、親以外の個体も子どもの世話にかかわる共同繁殖の動物として進化した。たとえば、ヒトは自分自身の子どもでなくても、かわいいという感情を持つことができる。しかし、動物界を見わたすと、これはかなりまれなのだ。自分の子ではない子どもに対して邪険に振る舞う動物はたくさんいる。

でも、ヒトは違う。学校の先生やお医者さんは他人の子どもを親身になって世話する。近所の人たちも何やかやと世話するし、たとえ見知らぬ人でも子どもを見守るまなざしがある。先進国においてもつい最近まで、村中が一緒に子どもの面倒を見るという体制はあった。英語にも、「子どもを育てるには村全部が必要」ということわざがある。

いつの頃からか、都市化、職・住の分離、核家族化、個人主義、貨幣経済、住んでいる場所でのコミュニティの絆の希薄化が社会のすみずみまで浸透し、かつては当たり前に存在した共同繁殖の仕組みが崩れていった。ヒトは共同繁殖だと言うと、保育所の確保ばかりが取り上げられるが、話はそれだけではないのである。

ところで、少子化対策の一環として子ども手当てのような現金支給があるが、それはあまり功を奏していないらしい。子ども手当てをもらった親たちの多くは、それを子どものためには使っていない。なぜか。それは、お金というものが抽象的な価値であり、個人にはさまざまな欲求があるからなのだろう。困っている家庭に本当に子どものための支援をしようとしたら、現物支給しかないのではないか。

II　ヒトの特徴

5　ヒトは特殊、でもなぜ？

私は自然人類学者だと言うと、「ヒトと他の動物とはどこが違うのですか」と聞かれることがよくある。どの生物種も、それぞれ固有の形態を持ち、固有の生態学的地位を占めているので、種を記述するための、その種に固有の性質の描写がある。

それで言えば、ヒトとは、常習的に直立二足歩行する類人猿の仲間で、雑食で、さまざまな生態環境に生息している動物だ。常習的に直立二足歩行する動物と言えばダチョウもそうだが、彼らは類人猿ではない。では、類人猿とは何かと言えば、哺乳類の中の霊長目に属する、からだが大きくて尾のない種類をさす。その中で常習的に直立二足歩行し、雑食であるのは、私たちヒトだけだ。

しかし、人々が「ヒトと他の動物との違いは何か」という問いを発する時は、単に前述のような種の特徴の描写を求めているのではない。「ヒトのどんな特徴が、ヒトを他の動物よりも優れた存在にしているのか」という点が問題なのだ。だから、「ミミズは他の動物と比べて何が違うのですか」という問いは滅多に発せられないし、そんなことに興味のある人は少ない。

ヒトは本当に他の動物よりも優れているのだろうか。「優れている」というのは、特定の価値観の表明だから、科学はヒトが「優れている」とは言わない。しかし、地質年代的にこれほど短い時間に、地球表面をこれほどの規模で改変した動物はいない。自らエネルギー源を開発し、自ら駆動力を持って生態環境を改変している動物もいない。

動物の個体数は、食べ物の生産に規定されている。草食動物は植物を食べる。植物は光合成によってからだを作るので、あらゆる場所で繁栄している。草食動物はその植物を食べているので、植物ほどの個体数はない。肉食動物はその草食動物を食べているので、さらに個体数は減る。そして、どの動物もからだが大きくなるほど大量の食物を必要とするので、それほど多くの個体数を抱えることはできなくなる。

つまり、どの動物も、体重が大きくなるほど一平方キロ当たりに住める数は少なくなり、その数は、肉食動物のほうが草食動物よりも少ない。ヒトは雑食なので、その中間となる。ヒトの体重を平均して六〇キロだとすると、この体重の雑食動物が普通に住めるのは、一平方キロ当たり一・五人なのだ。それが今では一平方キロ当たり五〇人を超える。これはおかしい。こんな動物はいないし、動物としては異常なことだ。たしかに、ヒトは他の動物とは違う。こんなことを可能にさせたヒト固有の能力とは何なのか。それは興味深い問題であり、II—6以降で考えてみよう。

6　物体の世界の把握

赤ちゃんは世界をどのようにして知るのだろうか。昔は、何もない白紙に、経験がいろいろと書き込んでいく、というように考えられていた。しかし、研究が進んでいくと、そうでもないことがわかってきた。何も教えられなくても、生まれつき持っている世界の把握の仕方というのがあり、それが、ヒトという生物が世界を知る上での「鋳型」になっているのだ。

たとえば、赤ちゃんは、「輪郭線で囲まれたものが、個別の物体である」というようなことを教えてもらう必要はない。目が見えるようになった最初から、ものの輪郭線をたどるのである。そして、何度も見たものよりは、新奇なものにより強い興味を示し、単純なパターンよりも複雑なパターンに興味を示す。このようなことは、ヒトの赤ちゃんに限ったことではない。ヒトが属する霊長類、つまりサルの仲間の赤ちゃんは、みなそうなのだ。

サルの仲間は視覚の動物である。両目が顔の前方に並んでいて、立体視ができる。匂いよりも音よりも、視覚的な映像で世界を把握するようにできている。そうやって視覚的に世界を把握するには、まずは物体というものを背景と区別せねばならない。その「鋳型」として、輪郭線に注目する傾向が備わっている。

そして、複雑な世界をよりよく理解していくために、これまで見たことのない新奇なものに注目する傾向や、より複雑なパターンに注目する傾向が備わっている。これは、とても理にかなったことだ。

一歳になる頃までには、動くものの軌跡を追う時、軌跡が一本であればものは一つしかないが、軌跡が二本ならば二つあるに違いない、などという推論もできるようになる。そして、三次元で色のコントラストが強く、複雑な動きをするものに強い興味を抱くようになるのだ。

これらはみな、森林という複雑な環境を跳び回り、視覚に頼って暮らしていく霊長類にとっては、とても重要なことだったので進化した。このような「鋳型」が赤ちゃんの時から備わっているので、当然ながら、子どももおとなもそれに引きずられる。

だから、スマホの画面やゲームにはまってしまうのだ。スマホのアプリやゲームを開発する人たちは、ヒトという動物が何に興味を示すかを熟知した上で、売れるものを開発する。だから、赤ちゃんの時からそういうものを見せて育てれば、本当にそれの中毒になってしまう。

しかし、スマホの画面の中に本物の世界があるわけではない。世界を知るには、現実の世界を見なければならない。それを赤ちゃんに見せるのは、おとなの責任である。

7　他者の心の把握

II―6では、赤ちゃんが物体の世界をどのように認識していくのかについて書いた。では、生き物の世界、特に「他者」というものについては、赤ちゃんは、どのように理解していくのだろうか。ここにも、持って生まれた「鋳型」が備わっているようだ。

生き物と生き物でないものは、どのように区別されるのだろうか。II―6で、赤ちゃんはものの輪郭線を認識し、その動きの軌跡を追うと述べた。その軌跡をたどって、そのものが直線的で単調な動きではない動きをしていると、それは生き物だと思うようだ。そして、そんな不規則な動きをするのは、生き物に「心」があって、自らそうしているのだと解釈する。

この傾向は、おとなの私たちにも染みついている。単純な三角形や丸が、四角い囲いの中で複雑な動きをする動画を見せる。その様子を描写するように言われると、ほとんどの人は、子どももおとなも、「三角形が下のほうに行きたかったのだけど、丸が出てきて邪魔をしたので、反対側に逃げて……」といった、生き物が「意思」を持って動いているかのような描写をする。純粋に物体の動きとして客観的に描写する人は非常に少ない。

二つ並んだ「目」に着目するのも、赤ちゃんに備わった「鋳型」だ。生後数カ月から、丸の中に目のようなものが二つ並んでいる絵を、そうではない絵よりもよく注視する。鼻と口はあるが目が描かれていない絵よりも、ずっとよく見るのだ。

やがて、他者がどの方向を見ているのか、その視線を追うようになる。そして、自分もその方向を見る。たとえば、母親が窓の外を見ていると、赤ちゃんもその視線をたどって、そっちには何があるのかを見ようとする。そして、何かを見つけると、そちらを指差して、「ああ、ああ」などと発声する。その時、母親もそれを見ているかどうか、何度も振り返る。これを、共同注視という。

それがやがて、顔面表情の理解とつながる。うれしそうな表情であれば、母親はそれが好きなのだと思い、嫌そうな表情なら、嫌いなのだと思う。こうして、他者の心の理解が進んでいく。

生き物や他者の理解にも、こんな「鋳型」が備わっているので、赤ちゃんは何から何までを一から教えてもらったり、すべてを経験したりする必要はないのだ。

チューリップの茎をハサミで切るのは平気だ。しかし、それと同じように、猫の脚をプツンと切れる人はいない。植物は生き物だと私たちは十分に承知しているが、何せ自らは動かない。ここで湧き上がる感情の違いには、私たちの生き物理解の「鋳型」が作用しているのである。

8　入れ子構造の理解

II―7で、ヒトはどのようにして他者の心を理解するようになるのか、その発達について述べた。ヒトは、他者の心について非常に深い理解ができる。この奥深さはヒトに固有の特徴であり、II―5で述べたヒトの特殊性を生み出しているもととなる能力の第一候補だ。

信号機が赤になったり青になったりする時、誰も信号機自体に「心」があるとは思わない。信号機がその信号を出していることに「意図」などあるとは考えない。

しかし、ヒトの他者があなたの行く手をはばんだり、こっちへ来いと合図したりしたら、あなたは必ずやそのヒトの「心」が何を考えているのか、その「意図」を想定するだろう。ヒトは誰でも、他者には「心」があると思っている。そして、その「心」は「意図」を持っており、それに従って行動していると仮定している。そう思っているのはあなただけではない。全員がそう思っている。そして、ヒトがある意図を持ち、ある心の状態にある時には、どんな表情でどんな言葉を発するか、ヒトはその理解を共有している。

そうであるので、ヒトは互いに相手の心の状態を理解し合う。つまり、「あなたが何を考えているのか、私はわかっている、ということをあなたはわかっている、ということを私はわかっている」のだ。

これは、心の入れ子構造的理解である。「あなたが何を考えているか」ということが、私の心の中に入っており、「あなたが何を考えているのか、私はわかっている」ということの全体があなたの心の中に入っている。そして、この全体がまた、私の心の中に入っているのだ。

心に限らず、入れ子構造は存在する。たとえば、小さなお椀を少し大きなお椀に入れ、その全部をもう少し大きなお椀に入れる。お椀は三つあるのだが、それらが入れ子になった一つのものと理解してもよい。しかし、このような理解は、他の動物にとっては難しいのだ。

実験室で訓練されたチンパンジーに、三つの大きさの異なるお椀を見せ、これを全部右から左に移すように指示すると、何回やっても一つずつ移動させ、小さい順に中に入れた一つとして動かすということはしないのだ。

入れ子構造の理解が、ヒトの言語理解のもとになっているのかもしれない。そして、ヒトは、互いに心を共有できるからこそ、個体どうしが競争するばかりでなく、一緒に協力して双方が利益を得るように動けるのである。

協力行動の進化は難しいのだが、ヒトほど協力的な動物はいない。そのもとには、入れ子構造の理解があるかもしれないのである。

9　他者の目を見る

ヒトは、他の動物には見られないようなやり方で、新たな技術を発明し、自らの環境を改変していく。このようなヒトの能力のもとになっているのは何なのか。ヒトがこのような動物になれた理由として、よく引き合いに出されるのは、言語と文化である。言語も文化も持っている動物は他にいない。だから、ヒトの特殊性は言語と文化にある。

それは、おそらく正しい。しかし、言語とは何であり、どんな能力が備わっていれば言語が可能になるのだろうか。同様に、文化とは何で、どんな能力が備わっていれば文化が可能になるのだろうか。どうして、ヒトだけが言語と文化を持っているのか、そのもととなる性質について、考えたいのである。

II―8で、その基盤となる能力の一つの候補として、入れ子構造の理解について述べた。赤ちゃんが犬を見て、「ワンワン」と言う。お母さんがそれを聞いて、その犬を見てから赤ちゃんを見て、「そうね、ワンワンね」と言う。この単純なやりとりのもとには、「あなたがワンワンを見ているということを私は知っている、ということをあなたは知っている、ということを私は知っている」ということ、心の入れ子構造の理解があるのだ。もちろん、赤ちゃんもお母さんも、そのように論理的に事態を把握しているわけではない。

赤ちゃんもおとなも、顔を見合わせて笑い合うことが楽しいのだ。ヒトは、親しい関係であるほど、互いに目を見つめ合う。逆に、親しくないのに目を見つめられると不快になる。ヒトは、他者の目に注目する。これが、ヒトをヒトたらしめているもう一つの重要な性質かもしれない。

ニホンザルもチンパンジーも、互いに目を見つめ合うことはほとんどない。母子の間でもそうだ。私は、アフリカで野生チンパンジーの母子の行動研究をしていたことがあるが、互いに目を見合わせているところは、ほとんど観察したことがない。

京都大学の明和政子氏らの研究(1)によると、母親がジュースのびんを手に取ってコップに移しているところを見ているヒトの子どもは、母親の手もとの動きも見るが、しばしば、親の目と顔の表情に着目している。つまり、親が何を見ているのか、どんな表情でその行為をしているのか、手の動きそのものだけでなく、目を通して、親の「心」の状態を推測しているのだろう。

一方、チンパンジーでは、見ているのは親の手もと、すなわち、物理的な行為だけである。行為とその結果の因果関係を理解し、自分もやってみる。だから、子どもがその行為をできた時も、「できた!」と互いに目を見て喜ぶことはないのだ。

10　言語の難しさ

II―8～II―9にわたって、入れ子構造の理解や、他者の目を見ることについて述べてきた。この二つの性質は、一見、言語とは無関係に思われるかもしれない。が、言語というものの根底に横たわる能力であるらしい。言葉を話し、他者の言葉を理解するのは、普通の人にとってごく当たり前のことだ。しかし、言語というのは本当に難しい現象なのである。

ヒトは、生まれた時には言葉を話せないが、二歳前後でいろいろな発話をするようになる。その後、一日に数単語というものすごいスピードで単語を習得していき、三歳頃には、ずいぶんおしゃべりができるようになっている。四則計算のやり方や、他の技術の習得はこうはいかない。幼児期の言語の習得は、ヒトに固有の遺伝的基盤があるので可能なのである。

ヒトと最も近縁な動物はチンパンジーだ。そこで、二〇世紀の初頭から、チンパンジーに言語を教える研究がたくさん行われてきた。その結論はこうだ。

発声器官の作りが違うので、チンパンジーは言葉を話すことはできない。しかし、彼らは、プラスチック板などを使った記号の意味を学習し、自分の欲求を叶えるためにそれらを使うことはできる(「ジュース、ください」など)。が、文法規則を習得することはついになく、欲求の実現とは関係ないところでおしゃべりすることはない。たとえば、「お花、きれい」などとは絶対に言わないのだ。

それでは、文法規則とは何か。それは、ある記号のまとまりが一つの意味を持つと同時に、それらがまとまると、その全体がまた別の意味を持つようになる、というような入れ子構造に関する規則なのだ。「私が飼っていた犬の名前はキクマルです」という文章は、「名前はキクマルです」というのが本旨だが、名前は「犬の名前」であり、その犬は「私が飼っていた犬」なのだ。こういう構造が理解できないと、文法規則の理解にならない。それがチンパンジーには無理なのだ。

次は、目を見合わせてうなずき合うのが楽しい、という心である。「お花、きれいね」と言って、何かがもらえるわけではない。これは、相手の心にもお花が映っていて、相手もきれいだと感じているのだろうと、相手の「心」を察し、自分の心と重ね合わせて、「そうだねえ」とうなずき合いたいわけだ。チンパンジーは、そうしたいと思わないのだろう。

世界に関して多様な意味を表現するには、入れ子構造の文法規則が必要。そして、そうやって表現した世界に関する思いを共有したいという欲求がないと言語にならない、ということなのだ。

III ヒトとヒト以外の動物たち

11　犬との生活

二〇一九年四月一五日にわが家の犬が逝った。一四歳一一カ月だった。よい思い出をたくさんくれて、寝たきりになったのは最後の二日だけ。何とも親孝行ないい子だった。というわけで、今回はヒトと犬に関する話題にしたい。

犬はオオカミを家畜化した動物だ。その起源は、一万五〇〇〇年ほど前だと言われているが、新しい遺跡や分析資料が出てくるたびに、この年代は古くなる。それでも、だいたい数万年前というところだろう。

ネアンデルタール人は、ヨーロッパでおよそ三万年前に絶滅したが、彼らは犬を飼っていなかった。同時代に共存していた私たちの祖先のホモ・サピエンスが生き延び、ネアンデルタール人が滅びた原因の一つに、犬の力があったと考える学者もいる。

今では、ミニチュアダックス、トイプードルなど、ごく小さな愛玩犬も含めて何百という犬種がある。単に家庭で可愛がるためだけに作られた犬種もあるが、犬は、もとは狩猟の手伝いである。わが家のスタンダードプードルは、カモ猟などに連れて行く水猟犬なので、池を見れば飛び込みたがって苦労した。数あるテリアのたぐいは、ネズミ獲りやキツネ狩りのために作られた。みんな、ヒトの生活を快適にするために貢献してきたのだ。

オオカミは集団で暮らし、個体の間に厳しい順位関係がある。犬は、そのような動物を家畜化したので、やはり順位関係の厳しい社会を作る。だから、誰が一家の長であるかをすぐに見分ける。わが家では、圧倒的にうちの亭主が「長」で、私は「友達」に過ぎない。なぜそうなるのかわからないが、現在四歳の二頭目も含めて、そうなのだ。

キクマルとの見つめ合い

最近の研究[2]によると、犬は飼い主と目を見合わせる。そうすると、飼い主も犬も、双方にオキシトシンというホルモンが分泌され、愛情が深まるようだ。オオカミは、このようには互いに目を見合わさない。ヒトは、互いに目を見合わせて親愛の情を育む。その時に分泌されるホルモンがオキシトシンだ。おそらく、オオカミを家畜化して犬にする間に、少しでも多くヒトと目を見合わせて情を通わせる個体を人為的に選択してきたのだろう。その結果、今では、犬はヒトと目を見合わせて愛情を育む動物となったのだ。

一方、アジアには、犬を食べる文化が古くからある。チャウチャウという犬種は、中国で食用犬として作られた。韓国も犬を食べる文化である。江戸時代、日本人も犬を食用としていたようだ。大量の犬の骨が食器とともに出土する。また、街角で犬を捕獲する絵もある。犬とヒトとの歴史は多様で深い。

12　犬とは違う猫の起源

Ⅲ—11は犬の家畜化について書いたが、今回は猫について見てみよう。わが家にも、犬のキクマルが来る前に猫がいた。コテツという名前の雄で、野良猫だったので正確な年齢はわからないが、ほぼ二〇歳まで生きた。

犬と猫は同じ食肉目に属する哺乳類だが、性格は全く異なる。人間も、猫が好きな猫派と犬が好きな犬派に分かれるようだ。私は、以前は自分が猫派だと思っていたが、犬を飼った今は、実は犬派ではないかと思っている。

犬の祖先はオオカミであり、もともと社会集団を作って暮らす動物である。そこで、集団の「長」に人間が取って替わることにより、家畜化を果たした。一方、猫は単独性の動物である。今でもそれに変わりはなく、飼い主のことを「長」だなどとは思っていないということは、猫を飼っている人なら誰でも知っているだろう。しかし、野生のネコ科の動物は本当に単独性で、他の猫や人間が近くにいるのを許容しない。飼い猫はそうではないので、彼らは、少なくとも他の存在が近くにいることを許容するくらいの社会性は身につけたということだ。

猫は犬とは違って、特に人間によって「家畜化」されたのではないらしい。人間が農耕を始め、穀物が収穫されるようになると、それを狙ってネズミなどが集まってくる。それを狩ろうと、野生の猫たちが人間の集落の近くに寄ってきた。そして、何となく居ついてしまった、というのが飼い猫の歴史であるらしい。

古代の遺跡から発掘された猫の標本と現代の飼い猫から、遺伝子を抽出して解析した研究(3)によると、トルコのアナトリア地方とエジプトと、飼い猫には二つの系統があるらしい。そして、トルコの猫はおよそ八〇〇〇年前にさかのぼり、チグリス・ユーフラテス地域で農耕が起こってからまもなく、人間と共存するようになったようだ。

コテツと（1984年）

猫が全世界に広がるには、人間の移動が大きな役割を果たした。エジプトの猫は船に乗ってキプロス島やヨーロッパ大陸に渡った。日本の猫の遺伝子は研究論文の分析には入っていないが、おそらく中近東から東に農業が広がるにつれてやってきたものが先祖に違いない。

そして、現在の飼い猫たちの遺伝子は、古代からほとんど変わっていない。つまり、長らく人の手による選択がかかっていなかった。人間にとってはネズミを獲ってくれるので便利、猫にとってはネズミの近くにいられるので好都合、ということで、両者は互いにあまり干渉せずに共通の利益を得てきたのだろう。だから猫は、今でもツンとして孤高を保っている。

13　サルはサルまねをしない

「サルまね」という言葉がある。中身はわかっていないのに、他者の動作だけを表面的に写し取ることをさす言葉だ。何を目的とした動作なのか、わかりもしないのに外見だけまねる、愚かな行動だと見なされている。

しかし、ヒト以外の霊長類であるサルの仲間は、「サルまね」はしない。または、できない。そもそもなぜ、意味もわからないのに他者の動作をまねる必要があるのか。「知性のない愚かな動物は、意味もわからずに他者の動作をまねる」という前提が、間違っているようなのだ。

行動の意味がわかっているかどうかは別として、他者の動作を忠実にまねることを、動作模倣と呼ぶ。これはどうも、ヒトだけが行うことであるらしい。京都大学霊長類研究所で飼育されているチンパンジーをはじめとして、世界中で実験対象となっているチンパンジーはみな、動作模倣を行うテストに合格していない。ヒトの指示を理解し、いろいろな課題をこなす訓練ができているチンパンジーはたくさんいる。その彼らに対し、たとえば、実験者がバケツをトントンと手でたたく動作をしてみせる。そして、同じことをするように指示を出すのだが、どのチンパンジーも、そうはしないのだ。少しでも同じ動作に見える片鱗でもあれば、おやつを与えて行動を強化するのだが、それでもできない。というか、しない。

生後まもない赤ちゃんは、おとなが赤ちゃんの顔を見ながら口を大きく開けると、赤ちゃんも口を大きく開ける。舌を出すと赤ちゃんも舌を出す。このことは一九七七年に発見され[4]、新生児模倣と名づけられた。ところが、この行動は、生後二カ月頃になると消えてしまう。

新生児模倣は、長らくヒト固有の行動だと考えられていたが、チンパンジー[5]にもあることがわかった。その後、アカゲザル[6]の赤ちゃんにも見られることがわかった。いずれの種でも、生後しばらくするとこの行動は消える。

さて、チンパンジーやアカゲザルでは、その後の成長の過程で、動作模倣はもう発達してこない。が、ヒトでは二〜三歳頃から、またもや動作模倣が始まる。今度は、言わば反射のような新生児模倣とは違い、子どもは、自分が相手の動作を模倣していることをよくわかった上で、それをおもしろがっているのだ。

つまり、自己の意識が芽生え、自分と他人の区別がわかり、他人を見ている自分と自分を見ている他人、という概念が出てきて初めて、積極的な動作模倣ができるようになるということだ。そんなことを認識していないサルたちに、「サルまね」はできない。

14　アートの起源？

アートは、人々の生活にうるおいをもたらす。どの国のどんな時代の人が作ったものであれ、いいなと思う時もあれば、たとえ有名な画家の絵であっても、いいと思わないこともある。アートって何だろう？

アートは、何かを表現したいという、個人の欲望の結果として現れる。では、なぜヒトは何かを表現したいと欲するのだろう？　私自身、絵を描きたいなと思うことがある。芸術家と言われる人々は、この欲求を非常に強く持っているのだろう。たとえば、フィンセント・ファン・ゴッホなど、売れなくても、誰にも認められなくても、ずっと描き続けた。私にはもちろんそんな情熱も才能もないが、その気持ち自体は理解できる。

人類はいつ頃から絵を描き始めたのだろうか。先史時代の絵としては、スペインのアルタミラ洞窟やフランスのラスコー洞窟の壁画が有名だが、これらは、およそ二万年前のものだ。しかし、ヨーロッパでは、六万年前にまでさかのぼると考えられる壁画も発見されている。私たちホモ・サピエンスが進化したのは、およそ二〇万年前。壁画の正確な年代測定は非常に困難ではあるのだが、ホモ・サピエンスが進化してすぐに絵を描き始めたわけではないらしい。

ラスコー洞窟の壁画（©AFPWAA / Roger-Viollet）

巧みに絵筆をさばくチンパンジーのコンゴ[7]

ラスコーなどの有名な洞窟は、現在、保全のために公開を中止している。私もそれらの有名壁画を見たことはないのだが、その代わり、その近くで公開されているルフィニャックの洞窟を見学したことがある。規模は小さいものの、暗闇の中から浮かび上がってくる野牛などの動物の描写は素晴らしかった。これらの洞窟壁画が、どのような目的で、どんな状況下で描かれたのかは定かではない。しかし、この動的な描写を見ると、ここには今の私たちと同じ精神があると思えてしまう。

飼育下のチンパンジーは、絵を描くことがある。有名なのは、一九五〇年代に英国の動物行動学者デズモンド・モリスの「友達」だった、コンゴという名のチンパンジーが描いた絵だ。何らかの造形があるわけではなく、いろいろな色を使って、言わば抽象画のような模様が描かれている。パブロ・ピカソが絶賛したとか、現代画家のウィレム・デ・クーニングが人間の画家と間違えたとか、逸話が残っている。

ヒトが絵を描く時には、外界に見える世界を自分の内部に投影し、それに自分で味つけして表現している。それを見た他者は、それを自分の内部世界に投影し、その味つけに共感する人もいれば、しない人もいる、ということだろうか。アートを作りたいという欲求自体は、他者による評判とは無関係のように思う。

15　アートの起源？　その2

Ⅲ—14では、アートの起源について考えてみた。ラスコーなどの洞窟壁画に描かれる動物たちは、躍動的で真に迫るものがある。一方、壁画の中のヒト自身の描写は、線画にも似たとても単純なものだ。何万年も前の人々が何を考えていたのかわからないが、描いた人や描かれた状況、周囲の人々がそれをどう見ていたかなど、想像がふくらむ。

飼育のチンパンジーも絵を描くと述べたが、彼らの絵には形がない。いろいろな色を使って模様が描かれているが、たとえば、花や木や動物などの形はないのだ。また、彼らの「お絵描き」は、完全に個人的な作業である。つまり、描いた絵をチンパンジーどうしで鑑賞することはない。この絵がいいとか悪いとか言っているのは、もっぱら人間たちなのだ。

自然界では絵の具のようなものはないし、白い紙もないので、野生のチンパンジーが絵を描くことはない。しかし、絵の具と紙と筆を与えられ、これらを使うと絵を描くことができると彼らが理解した時、たしかに彼らは絵を描くのである。描きたい気持ちになるのだろう。それが、彼らの心象世界の何を表しているのか、私たち人間が理解するのは難しい。

私は、二年半ほどにわたってアフリカの野生チンパンジーの行動を研究していたが、一度だけ、アートの観点からしてとても興味深いものを見たことがある。

野生チンパンジーは、時々、他の小型のサル類などを狩猟して食べる。肉だけでなく、頭蓋骨もバリバリと砕いて中の脳を食べる。ある日、数頭の雄がアカオザルの子どもを捕まえて食べていた。彼らが食べ終わって立ち去った後、一頭の若い雄が食べていた場所に登ってみた。すると、彼が座っていた大木の横枝の上に、アカオザルの頭骨の小さな破片が五つ、きれいに横一列に並べられていたのである。黒い枝に白い骨片が大変印象的だった。決して偶然ではないというのが私の直感だった。彼は一体何を思って、食べ残しの骨をこんなふうにきれいに並べたのだろう？

ヒトは、世界をただ受容して体験するだけではなく、自分の世界像を構築し、そこに何らかの意味を見出そうとする。それを表現したいという気持ちがあり、手段があれば何かを描く。一方、他の人たちにもそういう心があるので、誰かが描いた絵には興味があり、見たいと思う。そして、いろいろ考えを表明し合う。時を経て、ある程度の数の人々がいいと思ったものが、「アート」というカテゴリーになるのではないか。これもヒトの共同作業である。

16　音楽と言語をめぐる不思議

ヒトはなぜアートを作るのかについて、少し考えてみた。では、次は音楽である。音楽はなぜ、どのようにして始まったのだろう？

古今東西のさまざまな文化を見てみると、歌や踊りを持たない文化はない。歌と踊りは、ヒトに普遍的なものであるようだ。考古学的証拠によれば、二万五〇〇〇年前のフルートとおぼしきものが発掘されている。鳥の脚の骨にいくつかの穴が開けられており、これは楽器に違いない。これは発見されている最古の楽器だが、太鼓などはもっと古くからあったのではないか。

ところで、音楽は、言語の起源とかなり密接に結びついているとの説がある。ヒトが言語を話し、言語を学習していく過程で必要とされるいろいろな能力の多くが、音楽と関係しているらしいのだ。

発話は、一連の音が次々と発せられて続いていくのだが、ヒトは、それをいくつかのかたまりに分けて聞いている。たとえば、「きょうわたしはあさごはんにぱんをたべました」という発話では、一つ一つの音がつながって発音されるが、ヒトはそれを、「きょう、わたしは、あさごはんに、ぱんを、たべました」というように切り分ける。赤ん坊は、誰に教わらなくても、一連の音声をそのように切り分けながら言葉を習得していく。

一方、メロディーも節に分かれていて、それをかたまりと受け取って理解する。いろいろな動物が音声コミュニケーションを持っているが、そういう動物のすべてが、発せられる音の連続を、いくつかのかたまりとして認識しているわけではない。つまり、連続して聞こえる音を、いくつかのかたまりに分けて認識する能力というのは、音声を発する動物であれば必ず持っているということではないのである。

ヒトは、音楽を聴くと必ずリズムを感じ取る。ロックでも何でも、子どもでもみんなリズムを取って足踏みしたりする。これは、音の連続をかたまりとしてとらえるからできることだ。ヒト以外の動物で、自然にこれができる種は決して多くない。リズムを取れる動物の典型の一つが、オウムの仲間である。YouTube で探せば動画が出てくるので、ぜひ見てほしい。

音楽に合わせて踊るオウムのスノーボール（撮影：IRENA SCHULZ）(8)

なぜオウムなのか。オウムは、ものまねをするので有名だ。聞いた音声を正確にまねることができる、数少ない鳥類である。多くの動物は遺伝的に決められた音声を発し、全く別の一連の音声を後天的に学習することはできない。それができるオウムの仲間が、リズムを取ることもできるのだ。

そしてヒトも、どんな言語を話すようになるのかは後天的学習による。これらの事柄はみな結びついているらしい。

IV ヒトと食

17　調理と脳の重要な関係

私たちヒトの脳は、重さがおよそ一二〇〇～一四〇〇グラムある。ヒトの成人の体重を平均で六五キロ前後とすると、脳の重さは体重の二パーセントにもなる。

ゾウやクジラなど、体重が大きい哺乳類の脳は大きい。それは当然だ。体重の大きい動物は、胃も肺も大きくなる。ところが、脳の重さが体重の二パーセントにもなるような動物は、ヒト以外にはいない。ゾウ、クジラ、チンパンジーなどは、体重に比べて大きな脳を持っているものの、それはせいぜい一パーセントなのである。

ヒトの脳がなぜこんなに大きくなったのかについては、社会関係の複雑さと関係があるという説を紹介した（I－2）。しかし、脳が大きくなるのが有利になる状況が生じたとして、実際、どのようにして脳は大きくなれたのだろうか。

脳という器官は非常にエネルギー消費が大きい。体重の二パーセントしか占めていないにもかかわらず、その維持には全代謝の二〇パーセントを必要とする。大きな脳を持つのが有利だとしても、それに必要なこのエネルギーを、ヒトはどうやってひねり出したのだろう？

エネルギー獲得の源泉は食事である。

食べ物を食べて消化するには、長い腸が必要である。腸という器官は、食べ物を分解するために絨毛などの組織を備えた複雑な器官だ。からだの諸器官のどこがエネルギーを食うかというと、筋肉、腸、そして脳なのだ。

では、人類は何を食べて進化したのか。霊長類は、樹上で葉や果実や昆虫を食べて暮らしており、かなりの雑食だ。現生のヒトが農耕と牧畜を始める前の狩猟採集社会の頃、何を食べていたかを見ると、葉、果実、ナッツ、根茎、魚貝、哺乳類、鳥類など、実にさまざまだ。そして、狩猟採集民も農耕・牧畜民も、すべてのヒトは食物を火で調理して食べる。火のない文化はない。

火で調理をすると、そうせずに生で食べる時に比べて、食物から得られるエネルギーと栄養が格段に増す。いろいろな化学結合を火で切断できるからだ。そうすると、長い時間をかけて食べ物を消化する手間が省ける。つまり、腸でやるべき仕事の多くを、すでに調理でやってしまっているので、腸が短くてすむ。事実、ヒトの腸は、この体重の哺乳類としては極端に短いのだ。

この観察事実から考えられるのは、人類進化のどこかの時点で、ヒトは火で調理することを始め、腸が短くてもよくなった。そして、そこで余ったエネルギーを脳に回す余裕ができ、実際に脳が大きくなれたということだ。調理と脳には、こんな関係があるらしい。

18　食卓を囲む喜び

ヒトの脳は、体重に比べて非常に大きい。ヒトがこれほど大きな脳を持つことができるようになった秘訣は、火を使って調理するからではないか、という仮説を紹介した。サルの仲間は、群れを作って、食物源から食物源へと、食べ物を探して移動する。サル類は、木の実や葉などを食べているので、実がなった大きな木に行き着くと、しばらくそこでみんなが食べ、残り少なくなってきたら、また別の木に向かって歩き出す。みんなのおなかがいっぱいになると、お休みの時間になる。群れは一カ所にとどまり、おとなは昼寝や毛づくろい、子どもたちは遊びに興じる。だから、食べる時には、みんなで一緒に食べていることが多いのだが、サルたちは調理をしないので、食べるという行為は、各自が手でむしって口に運ぶという、きわめて個人的な行為で完結している。

ところが、ヒトは火を使って調理をするようになった。いつからそれが始まったのかを、科学的に特定するのは非常に困難だ。初期人類が自ら火を起こせなくても、自然発火という現象があるので、そのような火を利用することはできたはずだ。野火が広がるところにみんなで集まり、焼け焦げた球根や動物の肉を食べれば、ずいぶん消化の助けになっただろう。

そのようなことは一五〇万年ぐらい前から行われていたのではないかと推測されている。それをするためには、火が燃えている場所にみんなで行かねばならないし、そこで、自分たちはやけどをしないようにしながら、火が通った食べ物をあさることになる。そうすると、みんなで一緒に食べる、ということになるだろう。

さて、そのような自然まかせの火の利用ではなく、自ら火をおこして、それを絶やさずに維持して使う、つまり、炉を持って火をコントロールする、ということは、いつ頃から始まったのだろうか。これも難しい問題だが、ホモ・サピエンスが出現した二〇万年前頃には、いくつかの場所で、恒久的に維持された炉の痕跡が見つかっている。

炉を維持するのは大変だから、みんなで共有していたに違いない。そうなると、みんなで調理して、一緒に食事をしていたに違いないのだ。食事とは、みんなで集まって行う行為だという歴史は、二〇万年以上にもわたるのである。つい最近まで、その現実は続いていた。だから、みんなで食卓を囲むのは楽しいのだ。

近年の電子レンジやレトルト食品などの発明は、ヒトを炉から解放し、「みんなと一緒でなければ食べられない」という制約を取り払った。それはそれでよいのだが、みんなで食卓を囲む喜びは維持したい。まして、子どもたちにはその喜びを伝えたい。

19　人間と酵母の関係史

コロナで在宅が多くなったせいか、夫はこの頃、天然酵母でパンを焼いている。また、生態学者の旧友と話していたら、彼は最近、クラフトビールの醸造に凝っているそうだ。そんなこんなで酵母の話に花が咲いた。

酵母は、子嚢菌類という分類群に属する、菌類の仲間である。アオカビやアカパンカビなどのカビや、アミガサタケなどのキノコと同類。自分自身のからだから芽を出して増えていくので、無性生殖できるが、雄と雌が交配して胞子を作って増えることもできる。酵母は、パンやさまざまな酒類の醸造に活躍しているが、全ゲノムが解読されていることもあり、生物学研究のモデル生物の一つでもある。

ずっと以前、酵母を研究対象としている研究者に、「ところで、人間が酒を作ったりパンを作ったりするより前から酵母という生物はいたはずだから、そんな野生の酵母はどこでどんな暮らしをしているのですか」と質問したことがある。何と、その研究者の答えは「全く知りません、考えてみたこともありません」ということで、「本当に生物学者なのだろうか」と私は驚愕したのであった。

それはともかく、最近、ビールやワインの醸造に活躍している酵母の進化と系統についての研究が進んでいる。たしかに野生の酵母というのは存在し、植物や昆虫などについていたり、土中にいたりと、そこら中にいる。その胞子は空気中をただよっている。

人間が酒類の醸造に使っている酵母類は、いわば栽培化された酵母だ。栽培化された米がいろいろあって、インディカ米と日本米が異なるように、ワイン、ビール、日本酒などに使われる酵母は、みな系統が異なる。しかし、すべての醸造酵母は、およそ三〇万年前に中国で野生型から分岐したそうだ。

その後、中国から世界各地に持ち出されたのはおよそ一万五〇〇〇年前。ヨーロッパ、アフリカ、アジアなど、各地でさまざまな酒類が醸造される中で、少しずつ遺伝的に異なるたくさんの栽培系統の酵母が分かれていった。ワインの酵母が醸造用として固定されたのはおよそ一五〇〇〇年前。ところが日本酒の酵母は四〇〇〇年前だというのだから、日本酒の蔵の伝統は大変に古いのである。

一万五〇〇〇年前に中国から世界各地に酵母を持っていったのは、ホモ・サピエンスだ。しかし、中国南部周辺から日本にかけてすむ人々は、ヨーロッパ人に比べてアルコール分解酵素のレベルが低く、あまり酒が強くないのだ。彼らがどんなふうに酒を醸造し、楽しんでいたのか、興味津々である。

20　人間という動物の限界

人間という動物はとても特殊な動物だが、やはり動物である。いかに論理的に考えて、事態を俯瞰的に見て、未来のあるべき姿を想像することができるとしても、そして自らの行く先を自ら選んでいくことのできる存在であるとしても、やはり動物なのである。

動物であるとはどういうことか。それは、からだがあって、からだを使って生きているということだ。動物のからだは、外から食物を摂取し、それを代謝し、配偶して繁殖する。やがて個体には死が訪れるが、次の世代が、またもやそのサイクルをつないでいく。こうして生物は存続してきた。もちろん、それがうまく行かなくなった生物もたくさんいて、それらは絶滅した。

携帯電話に端を発する通信技術は、「固定電話」というシステムを壊した。誰かと何かの情報交換をするには、どこかに備えられた設備を使わなくてはできない、とみんな当たり前に思っていたことを、携帯やスマホが変えた。そんな制約は破れたのだ。

では、私たちも動物であり、動物のからだを持って生きている、という「制約」は破れるだろうか。たとえば、食物を外部から取り入れて代謝する、ということをやめられるだろうか。食べて排泄するのは、動物として当然のことだ。しかし、「固定電話のあるところに行かねば誰かと話すことはできない」というのがかつての常識であったのと同じく、「食べて排泄しなければならない」なんていうことは破壊して、新たな社会を築くことはできるのだろうか。しょっちゅうトイレに行かなくてもよい人間に造り変えられるのだろうか。食べて排泄することは動物としての基本なので、そうすることには快感が伴う。その快感を捨てるという選択を、人間はするだろうか。私はしないと思う。食べることも排泄することもせず、ではその代わりに何をしたいと思うだろう?

人間には、「誰かと話したい」という根本的な欲求がある。固定電話から携帯電話に変わった時には、その欲求は変わらずに、それを達成する技術がドラスティックに変わった。そして、社会のあり方が変わった。

では、食べて排泄するという欲求とそれに伴う快感はそのままあるとして、そのやり方に何かドラスティックな変化を起こすことはできるだろうか。破壊的イノベーションなどと言っても、人間が動物である基本の欲求は変えられない。だから、動物としての人間について熟知していなければ、イノベーションも起こせないのではないか。

V　考えるヒト

21　理解と納得

私は自然科学者なので、自然現象について論理的な説明がつくとうれしい。自然界にはさまざまな疑問が転がっているが、それらに対して何らかの科学的説明を求めるからこそ、自然科学者をやっているわけだ。

その態度は、いわゆる自然現象以外にも拡張される。世の中のいろいろな出来事に対しても、何か論理的な説明がつくほうが、つかないよりも心地よい。現代の科学的知識や論理的推論だけでは説明しきれない事柄は多々ある。それは仕方のないことで、あきらめるしかないのだが、何か論理的な説明がほしいと思っていることに変わりはない。

科学的な説明、論理的な説明というのは、「Aが原因でBになった」という単純な説明であるとは限らない。理解するにはかなりの努力を要する、複雑な過程が含まれることのほうが多い。では、科学的な説明とは何かと言えば、現在知られているところの原理や法則を駆使し、そこに説明しようとする現象に固有のさまざまな条件の詳細を乗せることによって、その現象を、一般法則の一つの形として説明することだ。たとえば、ニュートンの力学の法則は、これまでに知られている一般法則の一つである。この法則は、目に見えるどんな物体にも応用できる。しかし、個々のボールや羽などがどのように地面に落ちていくかには、空気の抵抗やその物体の質量など、個別の初期条件がある。それらを組み合わせれば、個々の物体の軌跡は説明できる。

では、たとえば、「人は死んだらどうなるか」というような疑問はどうだろう？　こういう疑問にも科学的な説明がつけられるのだろうか。おそらく、つけられない。死んでからこの世に戻って話をしてくれた人はいないのだから、実証的な例はない。

しかし、生物学は、生きているとはどういう状態か、死ぬとはどういう状態か、ということを科学的に研究しているので、その結果から、「人は死んだらどうなるか」について科学的な推論をすることはできる。現在の知識でできる推論には限界があり、それが真実を示しているわけではない。しかし、そのような推論ができる、ということで私は満足するのである。

さて、それは、ものごとの「理解」の話だ。でも、「理解する」ということと「納得する」ということは違うのだ。だから、話は複雑になる。世の中には、「その話は理解できます。でも、それでは納得できません」ということが、しばしば起こるのである。

私自身の「納得」のほとんどは「理解」と重なっているのだが、そうではないことがあるのは事実だろう。

22　相関関係と因果関係

相関関係は因果関係を意味しない。ある変数Aが増えると別の変数Bも増える、ということが観察されたとしても、AがBの原因であるとは言えない。本当にそうである場合もあるが、そうではないこともある。たとえば、トレーニング・ジムに通うと体重が減る、という現象が観察されても、ジムに行くことが体重が減った原因だとは断定できない。同時期に何か他のことがあって体重が減ったのかもしれないし、ジムに行くようになったことと体重が減ったこととの両方に影響を及ぼしている、未知の第三の原因があるのかもしれない。

因果関係とは何だろうか。事象Aが存在することによって事象Bが起こる時、Aを原因、Bを結果と呼ぶ。しかし、この因果関係を証明するのはかなり難しいのだ。ヒトは、いろいろなものごとに関するたくさんの経験から、ものごとの原因と思われるものを推論するのが好きだ。が、誤った推論に陥ることも多々あり、その一つが、先ほどの相関関係を因果関係と取り違えることである。

もしかすると、ヒトの認知の奥深くに潜むバイアスがそうさせているのかもしれない。「よい行いをしたら報いがあった」などということも、因果関係とは言えないものを勝手に因果関係だということにしているのだ。

私自身、海外の学会に出席している時、吸蜜していた蝶が花から出られなくなっているところに遭遇し、解放してやったことがある。すると翌日、日本からのメールで、申請していた大型研究費が採択されたという知らせがきた。そこで、「これは蝶を助けてあげたご利益」と思いたくなるのである。

「よいことをすれば報われる」と信じていると、実際にうれしいことがあった時、わざわざ自分が過去にしたよいことを記憶の中から探し出してまで、「よいことをしたから報われた」という話にして記憶に残す。しかし、そうならないことのほうがむしろ多いのだが、そういうことはどうも早々と忘れてしまうようだ。ヒトの記憶は、このような「希望シナリオの実現の確認」に偏っているらしい。

ヒト以外の動物は、因果関係を考えるのだろうか。パブロフの犬の実験が有名だが、一般に動物は学習ができる。「ベルが鳴ると餌がもらえる」という事象が学習できるということは、ベルの音と餌という二つの刺激の間に関連があることを理解することで、連合学習と呼ばれる。では、彼らはそれを、「ベルは餌の原因だ」と思うのか。原因というのは抽象概念だし、おそらくそうは理解していないだろうと思うのだが、立証するのは大変に難しい。

23　理解と納得と意味と

V—21に、理解と納得は違うということを書いた。これまでずっとそのように実感していたのだが、「なぜ」そうなのかまでは思い至らなかった。が、ＡＩの情報処理について考える過程で、その「なぜ」が解けたように思うのである。

近年のＡＩの進歩はめざましい。チェスのチャンピオンにも碁の世界的名人にも勝って、その能力を凌駕した。情報検索アプリは瞬時にして大量の情報を見つけてくれる。画像認識の能力は格段に向上した。自動翻訳もかつてはひどかったが、最近はずいぶんとまともだ。

しかし、ＡＩは生物ではないので、体がないし、人生を送る中で知識を身につけているわけではない。つまり、ある種の優れた学習プロセスによって情報処理をして、答えを出しているだけだ。

では、こちらの質問に対して答えを出してくるＡＩたちは、その答えの意味がわかっているのだろうか。というか、そのような質問が出てくる状況を理解し、自分が出した答えの意味を理解しているのだろうか。そうではない。彼らは、自分がやっていることの「意味」を理解していないのだ。

そもそも情報処理の基礎である技術が、「情報」というものからその「意味」を捨象して記号化し、計算できることだけをするものなのだ。

人間も、そのような計算ができるし、実際にしている。しかし、人間はその過程を「理解」し、さらに「納得する」という段階を持つ。ヒトがものごとを「理解する」というのは、単なる記号の計算処理とは違うのではないか。プログラムに沿って計算するだけでなく、そのような計算がなされる根拠もわかり、その上でその計算結果が正しいのだとわかるのが、「理解」だろう。それに対して、「納得する」というのは、その「理解」できた事柄が、自分の人生の中である種の「意味」を持つと感じることなのだと思う。

世の中にはそれこそ無数の知識や説明があり、私はそれらのある部分は理解できる。しかし、そのすべてについて納得するわけではない。では、理解できても納得しない情報とは何だろう？　それは、私の人生にとって、それを知っても意味を持たない情報なのだ。

では、「意味」とは何か。意味があるとはどういう意味ですか？　というのは、かなり難しい入れ子の質問だ。私は科学者なので、科学的な説明は私にとって意味を持つ。だから納得する。しかし、科学的説明だけが人生に意味を与えるわけではないので、そのすべてが納得につながるのではないのだろう。

24　『分数ができない大学生』から二〇二〇年

『分数ができない大学生』（岡部恒治編、東洋経済新報社）という本が一九九九年に出版された。分数の引き算をさせると、分母の数字どうしを引いて分母とし、分子の数字どうしを引いて分子とし、そのまま答えにしてしまう。そんなバカな、という計算を大学生がするという、衝撃的な内容だった。

つまり、分数というのが何であるのか、高卒でその根本が理解されていない。こんなことをすると、八分の七引く五分の二は三分の五になるので、おかしいと気づきそうなものだが。当時は、ゆとり教育の弊害だ、入試から数学を外した大学が増えたのが悪いのだなど、大いに議論されたものだ。

そして二〇一八年には、『ＡＩ vs. 教科書が読めない子どもたち』（新井紀子、東洋経済新報社）という本が出版された。普通の教科書にあるような、いろいろな事実について書いた文章を中高生に読ませる。次に、その文章に関連した内容を別の形に書き換えたいくつかの文章を読ませる。そして、先の文章と内容が同じ文章はどれか、という質問をすると、なんと不正解が続出なのだ。つまり、文章の内容を本当には理解していない。こちらも衝撃的だ。

一九九九年と二〇一八年。およそ二〇年を経て出版されたこの二冊の間に起こった大きな出来事は、スマホの普及だ。二〇〇七年頃から世界中で爆発的に広がり、今やほとんどの人が日がな一日手にしている。

一六世紀後半から一七世紀半ばまでの間に活躍した、マラン・メルセンヌという学者がいる。カトリックの僧侶だが、自然科学や哲学に通じた学問の大家で、ガリレオ・ガリレイも含めて、大勢の当代一流の学者たちと交流した。生涯に膨大な数の手紙を書き、彼らどうしを結びつけ、「メルセンヌ・アカデミー」を維持した。こういう作業は、今やスマホでいとも簡単にできる。世界中の学者どうしをつなげ、交流を維持するために、何千通もの手紙を書く必要はない。しかし、一七世紀にスマホなしでメルセンヌ・アカデミーを構築して維持するために、メルセンヌ個人がどれだけ知力と感性を働かせたことか。

Google で検索すれば何でも出てくる。図書館に行く必要もない。ＩＣＴ技術は、個人の知力のさまざまな側面のアウトソーシングである。これらは便利で、それまでにできなかったことを可能にしてくれた一方で、個人の知力は落ちていくのではないだろうか。先に紹介した本は、そんな懸念が事実であり、徐々に進行していることを表しているのではないか。

彼らはやがて大人になり、この社会を支える根幹となる。知的に怠惰な人たちばかりになれば、社会はおしまいだ。何とかせねばならない。

25 学者とはどんな人たちか

日本学術会議会員の任命に当たって、学術会議から推薦された一〇五名のうちの六名を当時の菅義偉総理が任命しなかったことについて、議論が巻き起こった。任命しなかった理由が判然とせず、私もこれはおかしいと思うのだが、ここでは少し別の角度で考えたい。

それは、学者という人々の気質・性質のことである。学問の世界の根幹は、思考と議論で成り立っている。学者自身の思考と仲間どうしでの議論だ。自然科学ではそれに加えて実験や観察が重要だが、それらも自然との「対話」「議論」と言えなくもない。実験や観察とは、こちらが考えている通りのことが起こっているのかどうか、「自然」に対して問いかけ、答えをもらう作業である。それらの思考と議論が自由に行われて初めて、学問は進む。

では、何について思考し、議論するのか。それは世界の神羅万象の何かについてであり、基本的には学者個人の興味によって決められる。それでも、何でもありではなく、これまでに積み重ねられてきた学問の体系があり、それぞれで知識が集積されてきている。

その中で現在主流とされている事柄があり、何がこれから解明するべき重要な問いであるかが、ある程度共有されている。学者は、教育される過程でそれらを学び、その中から自分の興味のある題材を選ぶ。現在、学界で最も重要な疑問であるとされている難問に挑もうとする人もいれば、学界が当然と考えている主流の考えを壊す新しい考えを構築しようとする人もいる。

学者とは、こういう作業を続けていくことを好む性質を持った人たちだ。学者でなくても、誰でもいろいろなものごとに興味はあるだろう。しかし、学者という道を選ぶ人たちは、他の人たちが考えないようなことを考えること、普通は当たり前だと思われていることを当たり前だとは思わないことが、楽しいと感じる人たちなのだ。つまり、懐疑主義と批判精神が楽しい人たちである。

そういう人たちが自由に考えて議論しているからこそ、学問は進み、新しいことが発見され、イノベーションが進む。この自由さがない限り、新しいことは出てこないし、真の進歩もない。こんな懐疑主義と批判精神が許されていない世界から、本当の学問の進歩が生まれたためしはない。

懐疑主義と批判精神は、日常的に社会を動かしている人々にとっては面倒くさいことだろう。しかし、この面倒くささに耐える知的強靭さが必須であり、ヘンな人たちを自由にさせておく度量がない社会には、真の発展もイノベーションもない。

26 知識と情報の違い

もう一五年以上も前になるが、早稲田大学で教えていた頃、ゼミの学生たちの言動でどうにもしっくり来ないことがあった。そういうことはたくさんあったのだが、その一つが、「私はそれを知らない。知っているのだったら教えてくれ」という、知らないことを何も恥じず、当然の権利であるかのように「教えろ」という態度であった。たとえば、ゼミの討論の間に誰かが「ニヒリズム」と言う。それに対して、ニヒリズムとは何か、全く聞いたこともない学生が、何の躊躇もなく、「それって何なんですか」と聞き、その場で説明を要求する。自分の無知を恥じることもなく、謙虚な態度でもなく、新しいお菓子の銘柄を聞くかのように。

当時、そのような態度の学生に対して、それは何か違うのではないかと思いつつ、即座にそのおかしさを指摘することができなかった。何となくモヤモヤとした違和感を覚えつつ、言葉にしてその態度を糾弾することができなかったのである。

以後、大学を移り、もっぱら博士課程の学生を相手にするようになると、そんな態度の学生はいなかった。ゼミの議論の中で出てきた単語を知らなかったら、それは自分の勉強不足のせいであるということを、みんな十分に承知していたからだ。

さて、あの経験は何だったのだろう？　あれ以来、日本社会にはスマホが津々浦々まで浸透し、誰でもどこでも瞬時にさまざまな情報を手に入れ、互いの経験をアップし共有し合う世の中になった。あの時の「知ってるんだったら早く教えろよな」という態度は、その先駆けだったのだと思う。

つまり、「知識」と「情報」の違いがわからない、「知識」とは「情報」の集まりだと思っている誤りである。「知識」がさまざまな情報からなるのはその通りだが、そこには構造があり、それぞれの情報には、さらなる感情や感覚の重みづけが伴うものだ。そのようにして情報を構造化するのは、個人の技である。

だから、「ニヒリズム」とは何ですかと聞き、辞書の答えを得たとしても、それで「ニヒリズム」という概念を用いて、ある事柄について議論することはできないのだ。それができるためには、長い年月にわたる切磋琢磨の間に、「ニヒリズム」について学んでこなければならないのである。

これまでは、知識を獲得するための情報を得るにも、大変な努力が必要だった。今やいとも簡単に情報が手に入る時代。知識をどのようにして作り上げるのか、それ自体が問われる時代になった。

27 視点の転換の難しさ

ヒトは自己を認識し、自分で自分をモニターすることができる。つまり、自分が今何を考え、何を感じているのかを、自分で客観視することができる。

と同時に、ヒトは、他者にも他者自身の「自己」があり、その自己が欲することによってその他者が動いているのだということを認識できる。つまり、あの人はこういうふうに感じているから、このように行動したのだ、と理解することができる。

この点で、自己と他者は合わせ鏡だ。自分の中に「自己」があることがわかる。だから、他者の中にも他者自身の「自己」があるとわかる。自分が自己の感情や認識の上で行動しているのだから、他者も他者自身の「自己」の感情や認識で動いているのだろうとわかるのだ。

しかし、自分は今このように感じ、考えているという「自己」の視点は非常に強い。何せ、自分は自分なのだから。そこから、他者の持つ、他者自身の「自己」を類推するのは、けっこう大変だ。他者が持つ「自己」は自分のものではないので、いわば不可知である。そこを想像せねばならないのだが、多くの場合、自分が想像する他者の「自己」は、結局、自分自身の「自己」の単なる延長から逃れられない。

自分が他者の立場であったらどう感じるかという視点から、その他者の感じ方を想像するには、自分と他者の双方を一段上のほうから見なければならない。これはなかなか難しい。本当に他者の立場になって考えることを「視点転換」と言うが、視点転換は難しい作業であり、できていると思っても、実はできていないことが多い。

被害者と加害者という関係は、特に互いの視点転換が難しい関係だ。加害者は、自分の視点でしか思考が進まない。自分のやったことはまずかったかもしれないとは思うものの、自分が被害者だったらどう感じるかが、いまいち想像できない。それで十分合理的に返答しているつもりなのだが、被害者は納得しない。被害者のほうは、加害者はやはり自分勝手で、こちらの気持ちは全く理解していないと感じる。

教える側と学ぶ側も同じだ。教師のほうには自分の教えたいことがあり、学んでほしいことがある。そこで相当な熱意を持って教えようとする。しかし、学ぶ側には学ぶ側の思惑があり、それは必ずしも、教える側の意図と合致しているわけではない。昨今は、教えるという行為も、学ぶ側の視点から組み立てようという方向である。今になってやっとこういう方向になったことを見ても、視点転換は非常に難しいことだと思える。

28 「教える」よりも「学ぶ」

数年前、教育学を専門とする友人から、「教育の進化的基盤」について考察を書いてくれと言われた。たしかに、なぜヒトは他者に教えたいと思うのだろう？

小学校、中学校、高校や大学と、現代では教育は当たり前の行為である。しかし、こんな国民的教育がなされるようになったのは、ごく最近のことなのだ。一九世紀に国民国家が成立し、国家間の競争が激しくなった。国力を上げるために産業を振興せねばならない。そのためには国民を教育しなければならない、ということで、国家による国民の教育政策が始まった。

しかし、ヒトという生物を考えた場合、ヒトは本当に他者にものを教えたいという根源的欲求を持っているのだろうか。それとも、これは近代文明が作り出した新たな現象なのだろうか。教育学者である私の友人は、これまで、教育は人間の当然の活動だと思っていたのだが、進化を考えると、本当にそうなのかと疑問を持つようになった。

教えるという行為を、「ある知識や技術を保有している個体が、それを保有していない個体にその知識や技術を伝える行動」としよう。これが成立するには、知識を保有している個体が、知識を保有していない個体は誰かを感知せねばならない。そして、教えられる個体のほうも、教える個体が何をしようとしているのか、つまり、自分に知識を授けてくれようとしているのだという、その意図を察しなければならない。知識のない個体が知識を教えられれば、その個体にとっては有利になるに違いない。しかし、知識を持っている個体にとっては、わざわざ時間と労力をかけて他個体に知識を授けることで、何の利益があるのか。それがなければ「教える」という行動は進化しない。だから、動物界全体を見ると、「教える」という行動はほとんど見られないのである。

さらに、世界に存在する、近代文明以前の古今東西のさまざまな文化を見ると、ほとんど何も積極的には教えない、という文化はかなりたくさんある。日本でも、師匠のやることを見よう見まねで学ぶのであって師匠が積極的に教えることはしない、という伝統はたくさんある。

こうしてみると、積極的に教えるという行動は、近代国民国家の体制の中で作られてきた、ごく最近の現象なのではないかと思える。積極的に教えることをしない多くの文化において、では、「学ぶ」とは何なのだろう？　それは、個人が一人前に成長するために、どうしたいと思うか、なのである。「教えたい」より先に、「学びたい」が原点にあるのだ。

29　ゲーム理論で考える

ヒトは普通、「AならばBである」「Aが原因でBが起こる」というように考える。このような一つひとつの事柄の連鎖で考えていくのが論理的思考であるだろう。しかし、世の中の出来事は、このように、いわば原因と結果が直線的につながって生じていくものばかりではない。複数の主体どうしが互いに影響を及ぼし合う場合には、どちらかが「原因」となって他方に確固たる「結果」をもたらすというように単純には行かないのだ。

「複数の主体どうしが互いに影響を及ぼし合う場合」というと抽象的でわかりづらいが、それはつまり、動物や人間の社会行動のことである。動物も人間も個人はみな、自分にとって心地よいこと、利益になること、幸せになることをしたい。しかし、ある行動をするとどうなるかは、他者が何をしているかによって影響される。その結果、全体としてどういうことが起こるのかを考えるのが、ゲーム理論である。

ゲーム理論は、数学者のジョン・フォン・ノイマンと経済学者のオスカー・モルゲンシュテルンによって、一九四四年に考案されたのが始まりだ。以来、ゲーム理論は経済学の中で発展してきたが、一九七〇年代からは動物の行動の研究にも取り入れられ、今では主流の考え方の一つとなっている。が、数学的な解析がほとんどなので、あまり世間一般には知られていないのかもしれない。しかし、私は、このゲーム理論的な考え方は、社会の現象を理解する上で非常に大事だと思う。なぜなら、社会で起こっているさまざまな状況は、個人のやりたいことが何であれ、同じ状況に対して他の人たちが何をしているのか、何をする人がどのくらいの割合でいるのかによって決まってくるからだ。

私がよく使うのは悪い大学のたとえである。大学をめぐる主体には、学生と、教師と、卒業生を採用する企業がある。学生の大半は勉強せずに遊んで卒業したい、教師の大半はなるべく講義は手抜きしたい、卒業生を採用する企業の大半は大学での成績など見ず入学時の偏差値や人間関係で選ぶ、という状況であると、全体として落ち着くところは、何もしない大学である。これが均衡点。ここで少数の学生が一生懸命勉強しても、少数の教師がきちんと成績評価をしても、少数の企業が偏差値ではなくて大学で何を学んだかを見ても、全体として均衡点は変わらない。

これを変えるには、全員にとって、今のままではないほうが得になる構造に変えねばならないのだ。ある部分だけ変えてもだめ。だから、社会を変えるのは大変なのだ。

30　一を聞いて十を知る

「一を聞いて十を知る」という言葉がある。その意味するところは、物事の一端を聞いただけでその全貌が理解できることらしい。私は昔から、そんなことは無理だろうと思っていた。それ以前に何の知識も持っていなかった事柄について、その一端を聞いただけで全貌がわかるなんて不可能だ。それくらい頭の切れる人、理解力の高い人ということだと書いてあるが、私は、それは理解力の問題ではないと思うのである。物理学を習っていたからといって、相対性理論を初めて聞いて、そのとっかかりの部分だけから全体を理解するなんて無理。進化について何も知らなかったのに、自然淘汰のプロセスの一つだけを聞いて、あとを全部理解するなんて無理。

自然科学の理解は脇に置いておくことにしようか。では、社会現象の理解はどうだろう？　あの人とあの人の間の関係がどうなっているかというような、日常的な問題はどうだろう？　一つの事実を聞いたとして、そこから十を知るというのは推測だ。その推測が当たっていたとして、果たしてそれは「理解力」の問題なのだろうか。

何かを少しだけ聞いてその全貌がわかるためには、普段からそのことについて、たくさんのことを知っていなければならないと思うのである。一見関連がなさそうなことも含め、雑多な情報をたくさんため込んでいる。そこに、ある一つの情報がつけ加わる。その意味を理解し、一気に全貌がわかる、というプロセスなのではないか。探偵小説などの謎解きの話は、そのような展開になっていることが多い。みんながずっと頭を絞って考え続けているのだが、謎が解けない。そこへ、一つの情報がもたらされる。しかし、それを知ったことで全貌がわかるのは主人公だけ。他の人たちは、その情報が含む重要な意味を見過ごしてしまうのだ。

もう少し違うかたちのものもある。それは、いくつかの異なる現象について、それぞれ理解できずにいる、という状態だ。そこに、ある一つの情報がもたらされる。そうすると、そのことを考慮に入れれば、あの現象もこの現象も理解できるようになるのではないか、ということだ。

いずれにせよ、一を聞いて十を知るには、普段からたくさんのことを考えていなければならない。そして、決定的な一つの知識が与えられた時、そのことの持つ意味をすばやく察し、全部の知識が一つに組み立てられ、説明がつけられるようになるのではないか。物事を理解するには、知識に構造がなければならないのである。

31　人間の意思決定は改良されるか

ロシアがウクライナに侵攻したことは、この二一世紀の世の中において、信じ難い愚行である。ウクライナの人々の徹底抗戦の態度には敬意を表したい。

それにしても、独裁政権というものは、これほどまでに独りよがりな意思決定を可能にさせるものなのかと驚いてしまう。ウラジーミル・プーチン大統領は、長年にわたって自らの権力を拡張し、自分の言うことにうなずくだけの側近を集めてきた。その結果、自分の希望にとって都合の悪い情報はそもそもプーチンには届かず、どんな判断をしても、それに再考を促す人間も機関も存在しないのだろう。

そんな状態が、意思決定の最適化のためによいはずがない。今回は、その大きな欠陥を世界中に示したと言える。しかし、ウクライナの人々にとっての災難は計り知れない。そこは、世界中で支援していきたい。

科学の進歩は、途中で停滞があったり、いらぬ横道にそれたりということもあるが、長い目で見れば、確実に前進している。一〇〇年前と比べれば、知識は細部にわたって詳しくなり、総量が増えた。技術の世界もそうである。自動車も洗濯機も、現在のものは五〇年前のものよりも格段によくなった。「よい」という意味は、まずはその本来の機能を果たす上での向上である。また、排ガスを減らす、水の利用を効率化するなど、本来の機能の向上に伴う副次的な側面においても、現代では格段に向上した。

科学と技術においては、過去に達成されたことが受け継がれ、確実に進歩が蓄積される。そして、よりよいものはすぐに人々の間に広まる。次の世代はそこから出発して、さらなる改良をめざす。しかし、戦争を始めるかどうか、どんな政策を採用するか、どうやって人々の意見を汲み取るかなど、私たち人間の社会を運営していく方法に関しては、このような蓄積的な進歩は、果たしてあるのだろうか。

前進は確かに見られる。今や、奴隷制を正当化するような人はいないし、人権という概念は相当広く世界中に浸透している（それが本当に実現されているかどうかはともかく）。一〇〇年単位の長い目で見れば、世界の運営の仕方もそれなりによくなってはいると言えるだろう。

社会の運営における意思決定では、関係者間の利害関係が複雑なので、科学や技術のように、すべての人にとっての最適解は存在しない。そこで、その時々の状況に応じて、その都度、叡知を集めねばならないのだろう。しかし、所詮は人間のやることなので、考え方のバイアス、希望的観測、傲慢や偏見からは逃れられないようだ。

32　ヒトは確率が苦手

確率というものは、どうもヒトの直感には反するらしい。サイコロを振ると、赤、黒、赤、黒と出るのが普通に感じられ、赤、赤、赤、赤と続くのはあまりないことのように感じられる。しかし、もしも赤も黒も出る確率が二分の一であるならば、どんな組み合わせもみな確率は同じなのだ。男の子が生まれる確率も女の子が生まれる確率も二分の一であるならば、男、男、男と続くことも、女、男、女となることも、確率は同じである。でも、どうもそうは感じられない。男、男、男は確率が低そうに思う。

それを言えば、科学の世界でも、事象が確率的に生じるということを組み入れて理論を構成するようになったのは、二〇世紀以降のことだろうか。物事が生起するには必ずや原因がある、その原因を突きとめねばならないということで、まずは因果関係の把握が科学の手法であった。因果関係と言えば因果関係はあるのだが、それが起こるかどうかが確率的に決まるという考えが受け入れられるには、かなり時間がかかったように思う。

アイザック・ニュートンによる万有引力の法則の発見は一七世紀のことだった。ある原因があると一つの帰結が生じるという因果推論だ。それに対し、エドワード・ローレンツが、簡単な微分方程式があっても、微妙な初期条件の違いで帰結が大きく異なることを示したのは、一九六一年のことだった。ブラジルで蝶が羽ばたくとアメリカで嵐が起きる、という言い回しは有名だ。カオス理論の始まりである。

なぜヒトは確率的な考えが不得手なのだろう？　なぜヒトの認知にはこんなバイアスがあるのだろうか。生物としてのヒトの一個体が、さまざまに変化する状況に対処し、困難を乗り越えて生きていくには、物事は「起こる」か「起こらない」かの二者択一で決めるしかないのではないか、と私は思うのである。今日の午後、雨が降る確率が三〇パーセントと言われても、傘は持っていくか持っていかないか、行動選択はどちらかでしかないのだ。

これからの世界は、ビッグデータとデータサイエンスの時代だと言われる。しかし、ヒトは、そんなにたくさんのデータを取ったこともなければ、確率論的に考えてきたことも歴史が浅い。どのようにデータを取るのか、データの質を保証するには何が必要か。そして、そのデータをどのようにして統計検定するべきなのか、それで何を知りたいのか。そんな、あれやこれやの全体に、ヒトの認知は本当についていけるのだろうか。そのような教育をしてきたのだろうか。

33　ゲーム理論的思考

V—32で、ヒトは確率的思考が苦手だと述べた。それは、ある事象が起こる確率はXパーセントと言われても、その事象に対処するための行動は、やるかやらないかの二者択一だからではないか。もちろん、「やる」時には、やらなくてもよい時のことも同時に考えておかねばならないし、「やらない」時も、やる場合のことも考えておかねばならない。でも、それは高度な意思決定のレベルの話であって、一人ひとりはやはり二者択一なのである。

確率的な思考と同様にヒトが苦手なのが、ゲーム理論的な思考ではないかと思う。ある状況において、「こちら」と、それに反応する「相手」がいる。それぞれ行動選択肢があるのだが、「こちら」がある選択肢を取ると、「相手」がそれに対応して選択肢を取る。それは互いに影響し合うので、どこに落ち着くかは単純には決まらないことも出てくる。これがゲーム理論である。

ヒトは、AならばBになる、という直線的な因果関係の思考は得意だ。万有引力の法則をもとに、ここに力を加えればこの物体はこう動くだろうと推論できる。こんな因果関係思考によって、科学も技術も進んできた。その延長で、社会生活の問題も、あなたがこれをしなかったからこんな結果になった、という推論で相手を糾弾する。しかし、社会で起こっている問題の多くは、AならばB

になるというような直線的な因果関係で起こっているわけではないのだ。

大学とはどうあるべきかという問題を考えてみよう。日本では、大学入試だけが重要視されて偏差値が注目されるが、大学で何を教わり、何を学んだかは、あまり重視されていないのではないか、ということはよく指摘される。それは大学が悪いのであって、入試やら講義やらを変えようという議論になる。

しかし、そうではない。大学の現状は、大学だけが決めているのではない。V－29で述べたように、大学で何を学んだかを重視せず、その大学の偏差値と部活の人間関係などだけに注目して人を採用している企業、偏差値の高い大学に入学しさえすればよいとし、あとはどんな勉強をしているかに興味はない親や高校の先生たち、大学の四年間は、こんなに苦労して入試を突破した後、就職するまでの間、ただただ遊ぶ時間だと考えている学生たち、そういう現状の中で、自分の研究のことだけを話していればよいと考えている教授たち、この四者のゲーム理論的な均衡点が「悪い大学」なのだ。プレーヤーは複数おり、そのそれぞれが考えを変えなければ、大学は変われない。ところが、ヒトは、こういうゲーム理論的な思考は苦手なのである。

VI　共感と文化

34　巨人の肩の上に

先日、新しくできた東京大学理学図書館が所蔵する希覯本の一部を見せていただく機会があった。その中に、アイザック・ニュートン著『光学』のラテン語第二版があった。ニュートンがこの本の中で提示した、光に関する三一の疑問は、まだ完全に解くことのできていない問題だそうだ。彼の慧眼と洞察には感服する。

ニュートンは、どうしてこんなことを考えられたのかと問うたロバート・フックからの手紙への返信で、「もしも私が、より遠くまで見通すことができたのだとしたら、それは、巨人の肩の上に乗っていたからである」と述べた。

「巨人の肩の上に乗って」というのは、今の私たちの知識や考えはみな、先人たちが築いた知識や業績をもとにしている、ということを表している。これは当然のように思われるが、実は、ヒトという生物の持つ、きわめて特異な能力の結果なのである。

つまり、ヒトは、他者が世界について得た情報を自分の情報として共有できる。さらに、その他者がどういうつもりでそう考えるのかも考えて、その「心」をも共有できる。だから、情報を鵜呑みにするばかりでなく、そう考えるのは間違っているのではないか、ということも考えるので、他者の情報や知識を改訂し、よりよいものにすることができるのだ。こうやって世代を超えて続けていくと、ヒトが持つ知識はどんどん蓄積されるばかりでなく、改良されていく。これが、ヒトの文化というものだ。このような蓄積的文化を持っているのは、ヒトだけである。

もちろん、ヒトは言語を使って、いろいろな情報について仔細に議論できる。だから文化が蓄積的に発展するのだが、Ⅱ—8で紹介したように、言語以前からヒトは他者と心を共有する基盤を持つので、言語が可能になるのである。

チンパンジーのアリ釣り（撮影：長谷川寿一）

文化とは何か。動物行動学では、「遺伝情報の伝達以外に、世代を超えて集団内で伝達される情報の総体」と考える。そういう意味では、他の動物にも文化はある。鳥のさえずり声に、集団ごとに方言ができたりするのも、「文化」のせいだ。

チンパンジーには、ある集団ではシロアリを釣って食べるが、別の集団ではシロアリは食べず、クロアリを釣って食べる、というような文化差がいくつも知られている。しかし、チンパンジーは、他者と心を共有してはいない。もっと効率よくアリを釣る方法を誰かが考えついたとしても、みなでそれについて議論することはない。「そうだよね」とうなずき合うこともない。だから、彼らの文化はとてもゆっくりとしか進むことができないのだ。巨人の肩の上には乗れないのである。

35　共感はどのようにして起こるか

悲しい映画を見たり、他人の悲しい話を聞いたりすると、もらい泣きをすることがある。自分の身に起こったことではないのに、なぜわがことのように泣いてしまうのか。これは、感情移入である。この能力は、他の動物にもあるのだろうか。

近年、「共感」という感情をめぐる研究がいろいろと進んできた。まず、「痛み伝染」という現象がある。ネズミに、隣のケージのネズミが電気ショックなどを受けて痛がっているところを見せると、まるで自分自身が電気ショックを受けたかのように、すくんだり、隅に縮こまったりするのだ。ヒトでも、他人が注射針を腕に刺されているところなどを見ると、自分も痛いような気がする。

これが痛み伝染で、ネズミでもヒトでも、脳の同じような部分で、この反応が起こっている。つまり、痛み伝染は、哺乳類に広く見られる反応なのだろう。自分の近くにいる他個体が痛がっているということは、自分にも同じ災難が降りかかってくるかもしれないということで、それに対する準備だと考えられる。

自分自身が肉体的な苦痛を感じている時、その感覚は脳のある部分で生成される。そして、その部分は、他者が肉体的な苦痛を感じているのを見た時に活性化する部分と同じなのだ。痛み伝染は、他者の痛みを本当に自分の痛みとして感じるから起こっている、ということになる。

さて、痛みには、肉体的ではないものもある。仲間から排除されたり、他者から非難されたりという時に感じる、心の痛みである。自分自身がそのような社会的な痛みを感じる時に活性化している脳の部分は、先ほどの肉体的な痛みを感じる部分と同じである。自分の心の痛みは、本当に「痛い」のだ。

ところが、他者が心の痛みを感じているのを見て、それをわがことのように感じる時に働く脳の部位は、これらとは違う。自己と他者を区別したり、自己をモニターしたりする、前頭葉の部分が関係してくるのだ。つまり、他者の社会的な痛みに対する同情、共感といったものは、単なる感情の伝染ではなく、自己と他者を区別し、それが自分の身に起こったことではないことを承知の上で、自分が同じような立場だったらどうなるだろうと想定する結果、湧き起こる感情なのだ。

これは、かなり高度な感情である。友達がいじめられて泣いている時、そこに駆けつけてなぐさめてあげる、という行動は、二歳や三歳ではまれで、五歳ぐらいから多く見られるようになる。おとなでも、本当に他者の立場になって感じることは難しい。意識的に前頭葉を駆使せねばならない作業のようだ。

36　文化とは何か

私たちヒトという生物は、社会を作って暮らしており、それぞれの社会は文化を持っている。文化とは何だろう？　文化には、慣習や法律、宗教、儀礼、挨拶、料理、服装、道具、建造物など、有形無形の要素が無数に含まれている。しかし、何であれ、それらは、ある集団の構成員たちに、そういうものとして共有されている。

たとえば、日本文化には和食があり、着物があり、お辞儀があり、夏の暦に「お盆」というものがある。若い人たちが黒スーツで会社めぐりをする「就職活動」というのも、きわめて日本的な文化だ。集団に属している個人は、その文化要素のすべてに納得しているわけでも、実践しているわけでもない。和食が嫌いな人も、着物を着ない人もいる。しかし、日本文化というものは共有されている。

そして、人は一人で生きていくことはできず、必ずや、ある文化を持つ集団の中で他人と一緒に働かねばならない。すると、意識的にも無意識的にも、その文化で当然と思われているやり方に従わないとうまく行かない。だから、ヒトにとって最も重要な「環境」とは、そこが森林であるか草原であるかなどの「物理的環境」ではなく、どんな文化の社会なのかという「文化的環境」なのだ。

私は日本人の両親のもと、日本で生まれたので、私は日本文化の中に生まれ込んできた。だから、日本文化は私という個人とは別個に存在しているとも言える。私は、育つ間にさまざまな日本文化を知り、日本的やり方を刷り込まれて今に至っている。しかし、私は日本文化をただ受け入れているだけではない。文化は変わるのだ。

新しいものが発明されたり導入されたりすると、生活が変わる。そうして知らぬ間に文化のある要素が失われることもある。また、新しい考えのもと、人々によって積極的に変えられていくこともある。

民主主義や社会主義といった思想は、その中心となる概念を原理的に書けば、一つに書けるのだろうが、実際にそれらの主義のもとで社会を動かしていこうとすると、文化の違いが入り込む。自分と他者の関係をどう見るか、どうやって合意を得るのが望ましいかなどについて、それぞれの社会は異なる暗黙の文化的背景を持っているからだ。

人々が意識的に理解している文化の要素については、多くの人々が別のものを選択することにより変わっていく。しかし、無意識のうちに世代を経て受け継がれていく要素の中にはなかなか変わらないものもある。Ⅵ—38で紹介する、「日本人は他者のことを気にするのが基本」ということも、そんな無意識の文化要素なのだろう。

37　地球生態系の二重構造

VI—36で、ヒトにとって最も重要な環境は「文化的環境」だと書いた。そこで問題にしたかったのは、慣習、しきたり、他者に対する接し方の無意識での大前提など、社会関係を営んでいくために受け入れている「非物質的文化」のことだ。

しかし、文化の物質的な側面は巨大だ。私たちは、さまざまな道具、衣服、建物、乗り物などに囲まれて暮らしているが、これらはすべて文化が生み出したものだ。文化は、道具製作によって生活を改変してきたと言える。

人類最古の道具とされているのは、ほぼ三〇〇万年前に作られたと思われる石器だ。しかし、これは現在に至るまで残っているという意味での最古の道具であり、植物性の材料などで作った道具がもっと古くからあったとしても、残っていない。

それはともかく、それ以降、人類はさらに多くの道具を作り、建物や衣服を作り、道具を作るための道具を作り、移動のための乗り物を作り、現在に至る。その過程で、自然のエネルギーによらない、独自のエネルギー源を得たので、これらすべての道具を回すために、莫大なエネルギーを消費している。

今、私たちの暮らしを眺めてみると、自宅も含めて建物は外界から遮断され、一定の温度を保つように設計されている。その中には何千、何万という種類のさまざまな道具が置かれ、それが暮らしを支えている。食べ物の多くも、ハウス栽培だったり養殖だったり。自然の田畑に生えているものでさえ、大量の肥料と殺虫剤がまかれている。歩いて移動するのは短距離だけで、自動車や電車、飛行機が当たり前。物資の移動も同じで、人や動物が担いで運ぶわけではない。

つまり、私たちヒトは、自然の生態系の中にいるものの、そして自然生態系の影響を受けてはいるものの、独自のシステムを築いて、その中で暮らしているのだ。地球惑星学者の故・松井孝典氏は、これを「人間圏」と呼んだが、文化とはそういうものだ。ホッキョクグマが北極にすめるようになるには白くて厚い毛皮を生やさねばならなかったが、人間は文化的発明によって地球の隅々にまですめるようになった。つまり、この地球生態系は今や、自然生態系と人間文化生態系との二重構造になっているのである。

この「人間圏」の影響は無視できない大きさだ。だから、現代は地質学的に見ても特殊な「人新世」と呼ぼうという提案がなされている。この二重構造はいつまで続けていけるのだろう? ひずみは明らかで、環境問題はその印である。そろそろ本気で考え直す時期ではないか。

38　文化の違いとは

日本人は集団主義だとか、同調圧力が強いなどとよく言われる。「自粛」の負の連鎖も、そのような文化的背景があるのかもしれない。しかし、人々のどのような心理がそうさせているのだろうか。

この点について、非常におもしろい研究をしたのが、故・山岸俊男先生だった。先生は国際的に有名な社会心理学者で、「文化がこうだから、その文化の人々はこう行動する」という説明に納得せず、個々の人々がどう考えているからそのような文化ができるのかを明らかにする研究をされた。

一九九九年のある論文が始まりだった。空港の待合室で退屈している人々を相手に、社会学のアンケートに答えてもらい、お礼にボールペンを差し出す、という実験だ。外側の色が黒いのが四本、赤など違う色のものが一本ある。人々はどの色のボールペンを取るだろうか、そこが実験のミソで、アンケートは実はどうでもよい。

アメリカ人は、一本だけ色の違うボールペンを取る割合が高いが、日本人はたくさんある黒いボールペンを取る割合が高かった。これは日本が集団主義の文化だからだ、日本人は周囲と一緒であることを好むのだ、という結論だった。

これに疑問を感じた山岸先生は、同じ実験を、趣向を変えて行った。先の実験では、ボールペンを選ぶ時に別に何の情報もないが、先生の実験1では、調査者が、「今日はこれでアンケート調査は終わりなので、私も帰れるのです」といったことを言う。そうすると、日本人でも一本しかない色のボールペンを取る割合が跳ね上がった。

そして実験2では、アメリカ人に対して、「今日はこれからたくさん調査をしないといけないんですよ」と言う。そうすると、ユニークな色のボールペンを取るアメリカ人の割合は、最初の研究での日本人並みに下がったのだ。

先生の結論はこうだ。日本人は特に情報がない限り、「他人のことも考えて行動せねばならない」というのが標準なのだ。だから一つしかないものを自分が取ってしまったらいけないと思う。この実験が最後と言われれば、もう後はないわけだから、自分の好みを露わにしてもかまわない。一方、アメリカ人は特に情報がない限り、「自分の好きなように行動すればよい」というのが標準なのだ。だから、これからまだまだ実験があると言われると、他人のことも考えねばならないのだな、ということになり、自分の好みを露わにすることを控える。

ユニークなものを好む人の割合は、結局どちらの文化でも変わらないのだ。文化の違いとは、どのように行動するべきかについて、暗黙のうちにみなが共有している前提の違いだ、ということである。

39　マスク着用は誰のため？

もう一〇年以上も前になるが、ある国際学会に欧米から招待した研究者を、電車で会場まで案内した。それは冬で、インフルエンザが流行っており、電車の中でマスクをしている人がたくさんいた。それを見た欧米の研究者たちはめずらしがっていた。

感染症対策にマスクをするというのは、コロナが蔓延する前から、日本ではごく普通に励行されてきた。しかし、欧米では異様なことで、コロナ禍ではそれに対する強い拒否反応がある。特にアメリカでは、公共交通機関ではマスクをせよ、といった規則に対する強い反発がある。それは、個人の行動の自由を制限することになるからだ。その裏には、「コロナに感染するリスクを負うかどうか、それを決めるのは自分の自由だ」という意識がある。

先の国際学会の時、電車の中に、小さな子ども二人を連れたお母さんがいた。そのお母さんはマスクをしていたが、子どもたちはしていなかった。私は、それを見ても違和感を覚えなかったが、一緒にいた欧米の研究者の一人が、「お母さんだけ、自分を守ろうとしている、これはヘンなお母さんだ」と言った。それで気づいたのだが、欧米人にとっては、「マスクをするのは、本人が他から病原体をもらわないための防護策」という視点が、まずは第一にくるのだろう。

私は、お母さん自身が風邪を引いていて、自分のせきやくしゃみで子どもにうつさないために本人がマスクをしているのだと、無意識のうちに解釈していた。つまり、マスクは、マスクをしている本人が他から病原体をもらわないための防護策でもあるが、自分が他者に病原体をうつさないための防護策でもある、と当然に思っていた。その視点が彼らには全く欠如しているのである。

だから、マスク使用の問題は、アメリカなどでは、自分がコロナにかかるリスクに関する判断のことであり、自分自身が他者にうつす可能性は考慮されていない。そちらは、相手が自分の防御として考えるべきことだという前提で全員が動いている。日本では、他者への配慮も重要な観点として組み入れられている。だから、マスクをしない人は、他者への配慮をしない悪い人だと受け取られる。それが、悪い意味で同調圧力にもなる。

どちらの社会も、それぞれに一つの均衡点として成立している。そこで、アメリカでマスク着用を強制したり、日本で自発的にマスクをしなかったりと、その社会の均衡状態とは異なることをしようとすると、社会の反発を招く。どちらの社会を心地よいと思うだろうか。

40　世代間ギャップはなぜ生じる？

XI―84では、四〇年前のアフリカ滞在のことを紹介する。当時から世界がどれほど変わったことか、今の若い人たちには想像がつかないだろう。

私たちの世代は、このような急激な変化を一生の間に経験してきたわけだが、たとえば今の三〇代のような若い世代の人たちも、「今の子どもたちは理解できない」と言うので、世の中がめまぐるしく変わっていることは、現在進行形で認識されているようだ。

こんな変化はこれからもずっと続いていくのだろうか。それはわからないが、世の中の急激すぎる変化は、いくつかの問題をもたらすだろう。一つは、世代間ギャップがますます激しくなることだ。

大昔から、年上の世代は下の世代に対して、「今の若者はどうしようもない」と不満を言ってきたようだ。それは、時代が進むにつれて社会状況が変わるので、しかたのないことである。昔の社会で当然だったことが、今は違う。昔の社会でやらねばならなかったことが、今はやらなくてもよくなった。その代わり、別のことをやらねばならない。それを、上の世代は、昔の常識を引きずっているために、なかなか理解できないのだ。

上の世代のおとなだって、現に変化する社会の中で暮らしているのだから、変化が起こっていることはわかるはずだ。それなのになぜ、昔の常識を引きずるのだろう？

最近の研究によれば、人が「社会とはこんなものだ」「自分はこのように行動せねばならない」といった、いわば世界観、人生観、基本的な価値観などを形成するのは、思春期のあたりまでの経験をもとにしているらしい。思春期までに経験したことが、その人の基本的な人生観を決める。それが、その人にとっての「常識」になる。

その後にもいろいろ新しい社会状況を経験するが、そのような経験に対しては、思春期までに作り上げた人生観で対応していく。しかし、下の世代にとっては、その新しい社会状況こそが思春期までの通常の社会状況なのだ。それが彼らにまた別の人生観を形成させる。それは、上の世代の常識とは異なるのだ。

こうして、社会の変化があれば必ず世代間ギャップが生まれ、上の世代は下の世代の「常識」を理解することができず、嘆くことになる。社会の変化がもっと激しくなれば、このギャップが、親子のような「世代」間ではなく、ほんの数年の違いでも生じるようになるのだろうか、そうではないのだろうか。私にもよくわからない。

スマホが命のように暮らしている若い人たちを見ると、隔世の感である。スマホを使いこなせないと安泰な老後はないと言われたので、一生懸命使うようにしてはいるが。

41　ヒトの文化の「進歩」

V―31で、科学と技術は蓄積的に進歩してきたが、人間が社会を運営するやり方は同じような速度で進歩はしないと書いた。科学も技術も社会の運営の仕方も、ヒトが持っている文化である。文化はどのように変容するのだろうか。

ヒトという動物は、文化を持っているから他の動物とは異なる特殊な動物なのだ、とよく言われる。それはその通りなのだが、では文化とは何だろう？　動物の行動生態学では、文化とは、遺伝情報以外の手段で個体から個体へ、また世代を越えて伝達される情報の総体とされる。このように定義すると、ヒト以外の他の動物にも文化はある。

たとえば、野生のチンパンジーの集団はアフリカの各地に生息しており、そのいくつかは長年にわたって調査されてきた。そのような研究を見ると、食物の選択、挨拶の仕方、道具の使用などに関して、集団ごとに違いが見られる。それらのうちの三分の一ほどはそもそも集団が住んでいる環境が違うことから生じたと解釈できるのだが、そんなこととは関係のない違いもたくさんある。たとえば、二頭が互いに毛づくろいをする時にどんな手の組み方をするかなどは、まさにヒトの挨拶がお辞儀であるか握手であるかのような文化の違いなのだろう。

さて、動物の文化とヒトの文化の違いは、ヒトの文化は蓄積的に発展していけることだとされている。石器の作り方、火の使用、青銅器から鉄器への発展、文字の発明、農耕と牧畜の発明、そして、現代の科学技術文明など、確実に以前のものよりも改良されることが積み重なって、私たちの現在がある。それに対して、動物たちの文化を見ると、そのように次々に発展していくことは見られない。チンパンジーがアリやシロアリを食べるためにアリ塚に草の茎などを差し込む方法は、いつまでたっても同じである。

ヒトの文化がなぜ蓄積的に発展できるのかと言えば、ヒトの脳が互いの心を読み合って、目的や価値を共有することができるからだ。飛行機や自動車や洗濯機がどんどん蓄積的に進歩するのは、その道具の目的が明らかで、その改良は誰にとっても等しく進歩だからだ。しかし、どうなると社会の運営の仕方がよくなったと言えるのか、その「進歩」とは価値観の問題である。立場が違えば利害関係も異なる。答えは、すぐには決まらず、すぐには広まらない。より多くの人々がより幸福に生きられる仕組み作りが進歩だとすれば、歩みは非常に遅いが、それでも蓄積的に進歩しているとは言えるだろう。

VII　集団の圧力やひずみ

42　内集団びいきを超えて

私たちはどうしても、他者を、自分たちの「仲間」と「よそ者」とに分けて考えてしまう。仲間が内集団で、よそ者が外集団。仲間内に対してよりよく振る舞おうとする傾向を、内集団びいきと呼ぶ。

内集団は、家族、親類などを中心に、よく顔を合わせて生活をともにする集団である。人類進化史では、同じ言葉を話し、同じ炉で食事を作って食物を分け合う機会が多い集団だ。人類が狩猟と採集で生計をまかなっていた時代、それは、それほど大きな集団ではなかった。

では、外集団とは誰か。内集団では「ない」人々だが、そこにはいろいろな人がいる。同じ言葉を話し、同じような食習慣を持つ人々だが、普段はほとんど一緒に活動することのない人々もいれば、異なる言葉を話し、意思疎通が円滑にはできない人々もいる。そういう外集団の人々が、すぐ近くにいることもあれば、ほとんど会うことがない場合もある。

外集団との関係は、あからさまに敵対的なこともあれば、それほどでもない場合もある。また、配偶相手の手配という面で、外集団が大事な相手であることもある。いつも小さな内集団の中だけで結婚していたのでは、近親婚の度合いが高くなる一方だからだ。こう考えると、どこまでが内集団で、どこからが外集団なのかの区別も曖昧になってくる。人間の社会関係とは、それほど複雑なのだ。

内集団びいきという感情は、たしかに存在する。たとえば、ある目的のためにみんなでお金を出し合い、その合計が倍になって、その額がみんなに均等に再分配される、という匿名のゲームを考えてみよう。普通に考えれば、全員がたくさんお金を出して、その倍になった額を均等割でもらうのがよいはずだ。ところが、自分は出しても他の人たちが出さなかったら、出した人たちの金額だけが倍になり、出さなかった人たちにも再分配されるのだから、これは損だ。だから、このゲームでは、他者に対する信頼をどのように持てるかが問題となる。

このようなゲームをすると、多くの場合、内集団が相手の場合、外集団が相手の場合に比べて、人々はより多くの金額を供出する。サッカーで同じチームを応援するファンどうし、同じロックバンドのファンどうしというのも、内集団のようだ。

しかし、私たちは、せまい内集団を超えて、広く一般的な他者に対しても同情を感じることができる。初めて会う人とも、何らかのコミュニケーションののちに、一緒に協力することができる。これは、動物としてまさに稀有な能力であり、人類の発展の基礎はそこにあったと言えよう。

43　民意をくみとる難しさ

アメリカ合衆国の大統領選挙の結果、二〇二一年一月二〇日にドナルド・トランプ氏は退任し、ジョー・バイデン氏が就任した。トランプ氏が大統領であった四年間、アメリカも世界も心底傷ついた。民主主義の価値観や基本原則が蝕まれ、何よりもアメリカ国内の分断が深刻さを増した。この分断がすぐに消えるわけはないので、これをどこまで修復できるのか、それは新大統領の大きな課題に違いない。

アメリカはなぜこれほどまでに分断されているのか。トランプ氏自身がこの分断を作り出したのではない。分断は以前からあった。その原因は、過去の経済政策をはじめとする政治のあり方の歴史にある。

では、なぜここまで分断が深まり、議事堂襲撃にまでエスカレートしたのか。それには、ツイッターなどのSNSが大きな役割を果たしたという。それはその通りだろう。新聞、雑誌、テレビ、ラジオなど、それまで普通であったメディアと異なり、SNSは、個人が不特定多数の人々に直接情報発信することができる。内容は、嘘でも何でもよい。それを受け取った人たちがまた別の人たちに送れば、情報はどんどん拡散していく。しかも、匿名でも可。このような新規のメディアの発明を最大限に利用したのがトランプ氏だった。根拠のない話、全くの嘘、感情的反応などが満載の内容を発信し続け、人々をあおった。

SNSがおかしいのは確かなのだが、私が気になるのは、トランプ氏が最初に大統領に当選した時の世の中の雰囲気である。あの頃、少なくとも普通に新聞などを読んでいる人々の間では、トランプ氏が当選するという予測はほとんどなかった。アメリカ社会がこれほどまでに分断されていると、危機感を持って語る人もいなかった。でも、一部の人々の深い不満感と分断はすでにあったのだ。ところが、既存のタイプのメディアでは、それに気づいて指摘する報道がなされていなかった。だから、既存のタイプの報道を見ていた人々の間には、その認識が形成されなかった。だから、トランプなどという人に、あれほど多くの人が熱狂して投票するとは思わなかった人がたくさんいたのだ。

ということは、既存のタイプのメディアでは、アメリカ社会のそんな様相をとらえることはできなかったということだ。社会のこれほど深刻な分断に気づくことができず、そういう民意をくみとることもできないのであれば、民主主義がきちんと機能しているとは言えないのではないか。SNSもよくないが、どうすればバランスよく民意を汲み取れるのか、自分とは異なる状況の人々についてどれほど想像力を働かせられるのか、それは難しいことである。

44　子どもの従順さと保育士の数

朝の一〇時前頃、うちの近くの保育園から園児たちが散歩に出てくる。みんなで手をつないで保育士さんたちに連れられて行く姿はかわいいのだが、私はいつも、これを見ると違和感を覚える。みんなが一斉に、同じ行動をするように仕向けられているのだ。まだ、あんなに小さいのに。大きな道路ではない裏の小道であっても、また、たとえ車が全然来ていなくても、横断歩道を渡る時には、みんなで手を挙げて渡る。消防署の前で立ち止まって消防車を見る時には、全員が見るように仕向けられる。

あの子たちは三、四歳ぐらいだろうか。実際に数えたことはないのだが、ぞろぞろと歩いている子どもたちに対して、保育士さんは三人ほどだ。調べてみると、日本の児童福祉施設最低基準では、〇歳児には三人に一人の保育士がいなければならない。一〜二歳児だと六人に一人、三歳児では二〇人に一人、四〜五歳児では三〇人に一人である（これは国の基準であり、各自治体はこれより少ない人数の基準を決めてもかまわない）。

私は、欧米のいろいろな国を旅してきたが、欧米では、保育士さん一人が見ている子どもの数は、日本よりもずっと少ない。たとえば、二〇〇五年、私は北極地方を旅行し、オスロやスピッツベルゲン島に行ったが、そこで見た保育所の庭では、園児の総数よりもやや少ないくらいのおとなが見受けられた。私はそれに驚いた。

秋の修学旅行の季節になると、京都駅などでは、中学生や高校生たちが並んで座っているのが見られる。もうずいぶん前になるが、これを見たドイツ人の研究者に、「あんな思春期の若者たちが、よくもあんなにお行儀よく並んで座っていますね」とあきれられたことがある。「ドイツでは絶対に無理ですよ、思春期の子たちをあんなに制御することは不可能だ」と言われた。

つまり、日本の子どもたちはお行儀がいい。みんなで言われた通りに整列し、言われた通りに動く。だから、それを見るおとなの数も少なくてよいのだ。子どもは勝手に動くもの、思春期の子たちは制御困難だというのが当たり前だと思われていれば、一人のおとなが見ることのできる子どもの数も、日本よりもずっと少なく決められる。子どもの従順さと保育士の数には、こんな相関があるのだろう。

保育園の頃からあのように集団行動に順応するように育てられていれば、周囲の目を気にする、周囲に気を配るのが当然になり、同調圧力は強くなる。そこにはよい面も悪い面もある。

45 熱狂がもたらすもの

ヒトという生物は、真に社会性の強い動物である。好みを同じくする他者と一緒にいるのは楽しいし、意見が一致して「そうだよね」という感想を語り合い、うなずき合うことは、静かな幸福感をもたらす。

ヒト以外の哺乳類でも、社会生活をする種においては、他個体との良好な関係を保つことは大変重要である。多くの社会性の動物には順位がある。順位が高い個体は自分のしたいように振る舞うことができるが、順位が低い個体はそうは行かない。だから、順位が離れている個体どうしが、「友達」になることは難しい。それでも、順位の近い者どうしの間には、仲よし関係と言えるものがある。何となく相性がいいという他者があり、そんな相手と一緒にいると楽しいのだろう。

ヒトは、さらに、ファッションなどのものごとの好み、特定のスポーツ・チームのファン、さらには思想傾向、政治信条が同じなど、さまざまな事柄に対して、意見や好みが一致する者どうしが、強く共感し合う。それが高じると、「熱狂」になる。

熱狂は集団行動であり、ロックのコンサートやサッカーの試合などで、特に顕著に現れる。コンサートにはそもそもファンしか来ないので、そこでみんながわいわいと拍手をしたり、観客も一緒になって踊り始めたりと盛り上がる。熱狂している人たちは、快感の絶頂にあると言ってもよい。スポーツの試合となると、ちょっと難しい。対戦するそれぞれのチームにファンがいるので、時には異なるチームのファンどうしでけんかになることもある。

もう何年も前にイタリア旅行をした時、ちょうどサッカーのワールド・カップの試合が行われる時期に遭遇した。イタリアとイングランドの試合は、フーリガンと呼ばれる人たちが結集するので、サルディニア島のようなところで隔離して行われるとか、そんな話だった。その時、パレルモでオランダの熱狂的なファンたちが集まっているところにさしかかると、私は別にオランダのファンではないのに、声をかけられ、

UEFA EURO2000 試合前のイングランドの熱狂的ファン（©AFPWAA / Philippe HUGEN）

旗を手渡されたり、握手をさせられたりした。

これが問題なのである。同じ好みを共有する者どうしが熱狂するのはよい。そうして賛同し合うのは心地よい。しかし、熱狂というものには、そうではない人たちにも賛同を強要したい、という感情が伴うのだ。そして、それを拒否すると、熱狂の感情が憎悪に転じる。熱狂と同調圧力と外集団攻撃は一体なのだ。ナチス時代の政治的熱狂などを振り返ると、空恐ろしい。冷静さを忘れずに。

46　社会の変化の速度

大学の部屋の整理をしていて、たまたま私が以前に新聞や雑誌に書いたもののスクラップブックが見つかり、ついつい手に取って読んでしまった。最初に手に取ったのは二〇〇五年のものだったが、二〇〇〇年よりも前のものからある。

二〇〇〇年と言えば、もう二〇年以上も前だ。一つ一つの記事は、書いたことも忘れてしまったが、内容は、今の私が考えていることと、基本的には同じだった。あれ以来さらに考察が進んだものに対しては、「今ならもっとこういうふうに書くのに」と思えて、恥ずかしい。

資本主義、自由市場の考えで、経済が右肩上がりに進むことが当然、お金をもうけなければならない、お金がたくさん貯まれば幸せになる、という考えは間違いだ。右肩上がりの経済が永遠に続くことはあり得ない、幸せはお金だけでは測れない。ということを、私はもう二〇年以上も前から言い続けてきたらしい。それでも、基本的に何も変わらなかった。ここに来て、新型コロナウイルスのパンデミックの状況を前にし、少しは考え直されるように変わるだろうか。

地球環境問題の深刻さも、持続可能な社会へと切り替えなければならないことも、もう二〇年以上も前から言い続けてきた。これも、基本的には何も変わらなかった。それでも最近では、国連の持続可能な社会の目標（ＳＤＧｓ）が広く認知されるようになり、プラスチックゴミの削減が本格的に考えられるようにもなり、少しは変わってきたかもしれない。

ジェンダー論に関する話題もある。この地球上に生命が誕生したのは三八億年前だが、そのしばらく後に、雄と雌という二つの性で繁殖する有性生殖生物が出現した。雄と雌という存在は、以来、異なる戦略で進化してきたので、私たちヒトを含めて、生物の性差は存在する。だから、男と女のあり方のすべてが、社会が勝手に作り上げてきたものなのではない。

しかし、ヒトという生物は、複雑な社会関係の中で権力構造を作り、さまざまな概念を言語化して操作するので、性別に関してもいろいろな言説が作り出された。それが権力構造の中にも取り込まれる。個人が自由に自分の幸せを追求できる社会を作りたいならば、そんな言説は考え直すべきだ、ということも言い続けてきた。それでもほとんど変わらなかった。それが、ここに来て、東京五輪・パラリンピック組織委員会の会長だった森喜朗氏の「女性がたくさん入っている理事会は時間がかかる」という発言を機に、変わるかもしれない兆候が見られる。

世の中は急速に変わるようでいて、変わるのにあまりにも時間がかかり過ぎるものもある。日本は特に速度が遅いのではないか。

47　同性愛と人権

二〇二一年の三月、札幌地裁は、同性婚を認めないのは違法だという判断を下した。これから、この判断をめぐっていろいろな議論が起こるに違いない。

同性婚に反対する人々は、こんな婚姻の形態は家族を破壊する、「種の保存」に反する、非道徳的だ、という。

まず、「種の保存」に反するというのは議論からはずそう。種という概念を持ち出すからには生物学の議論だろうが、「種の保存」を促す生物現象は存在しないからだ。生物は、種の保存のために繁殖しているのではない。自分の子孫を残すように繁殖している。所属集団が全体として存続するかどうかは関係なく、多くの種の絶滅が実際に起こってきた。

同性婚を認めると家族を破壊する、という主張における「家族」とは何だろう？　男と女がペアになることだけが家族ということか。同性愛の人たちも、強いペアボンドを築いて家庭を持つのではないか。子どもが生まれないといけないというなら、男女の結婚でも子どもがいないカップルは「家族」ではないのか。

非道徳的だ、という主張はどうだろう？　そこには、何が「道徳的」なのか、その道徳はどのような状況で作られたのか、という問題がある。それは、子どもをたくさん産んで自集団の数を増やし、敵の集団を圧倒することが大事だった時代の道徳だろう。

世界中の文化で、同性愛は常に非難されてきた。人間は長らく、集団間闘争が最も重要な時代を生きてきたからだ。しかし、どこの文化の、どんな時代にも、同性愛は少数ながらも常に存在した。それは個人の趣味の問題だと考えられてきたので、そんな「ヘンな」人たちは排除しようということになっていた。

しかし、最近の生物学的研究によると、同性愛は趣味の問題ではない。哺乳類はすべて、基本型は雌である。それが、Y染色体を持ち、そこにSRYという遺伝子があって、それが働いていると、もともと雌であったものを雄に作り変えていく。まずは、雌ではなく雄のからだに、そして、自分が雄であるという脳の認識に、そして、性的に魅力を感じる相手が雌であるという認識に。

これらのプロセスのすべてがうまく行けば、雄になる。しかし、いろいろな事態が途中で生じ得るので、からだの性と脳の性の不一致が生まれうる。これは、本人にはしかたのないことだ。

そういう人たちに、自分が感じる性で生き、自分が愛する人と一緒に暮らすことを、「普通の」雄と雌たちが拒否することは、果たして「人道的」なのだろうか。

48　男性の脳、女性の脳

Ⅶ―49では、ＬＧＢＴＱと呼ばれる人々について書く。哺乳類はみな、何もなければ雌になるように設計されており、雄を作るにはいろいろな「工事」をせねばならない。その「工事」のもとになるのが、Ｙ染色体上にあるＳＲＹという遺伝子である。

しかし、ＳＲＹが働かないこともある。働いたとしても、その遺伝子が作り出すべき男性ホルモンができないこともある。男性ホルモンができても、その受容体がないこともある。というように、何段階にもわたって、齟齬が起きる可能性はあるのだ。そして、基本型の雌から雄に作り変えねばならないのは、からだだけではない。脳も雌型の脳から雄型の脳に作り変えられる。

では、雄型の脳と雌型の脳はどこが違うのだろう？　胎児の時に分泌される性ステロイドホルモンは、脳の神経組織の形成に大きな影響を及ぼす。脳の視床下部には、性に関する欲求や衝動を司る性中枢がある。その中の分界条床核と呼ばれる部分は、男性で有意に大きいので、性的二型核とも呼ばれている。ここは、性に直結した場所だ。性同一性障害で、男性から女性に転換した人たちでは、確かにこの神経核が一般男性よりも女性に近かった。

では、その他にも、男性の脳と女性の脳では違いがあるのだろうか。空間的な認知は男性のほう

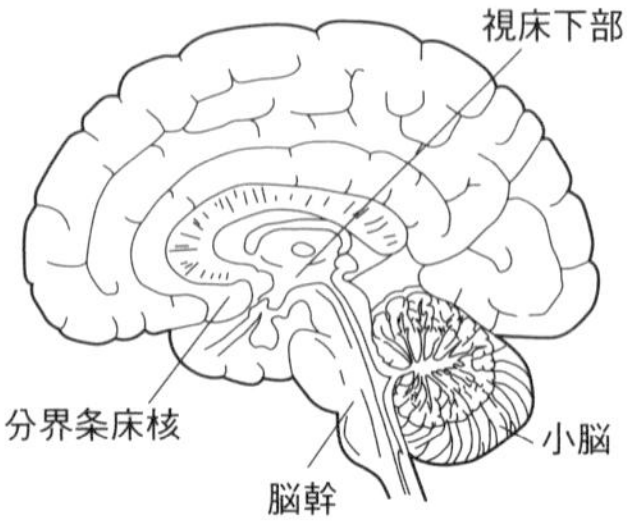

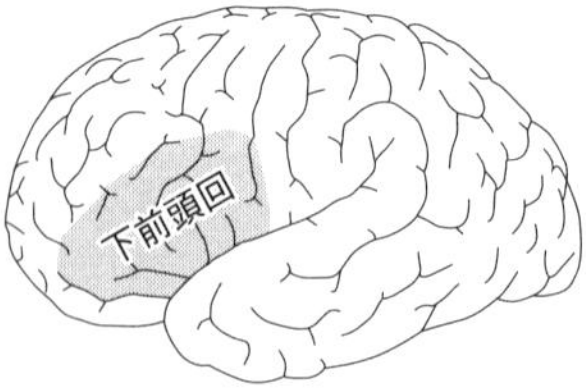

が女性よりも優れている、という結果はたくさん出ている。物体を回転させるとどう見えるか、あまり手がかりがなくても自分の進むべき方向がわかるかなど、いろいろなテストにおいて、男性のスコアのほうが高いのは確かなようだ。

一方、単語を目で見て考える時、女性では言語野にある下前頭回が左半球も右半球も両方活性化するのだが、男性では左半球のみにしか反応が出ない。言葉をどのように認識するかに性差があるということだろう。

そうは言うものの、全体として見た時、これは男性脳だ、女性脳だというような明らかな違いは存在しない。男性も女性も、それぞれにいろいろな変異を混ぜて持っている。この部分はあえて男性タイプ、あえて女性タイプと分けてみても、みなそれらの混合なのである。

私と夫を見ても、それは納得できる。夫のほうが確かに空間認知は優れている。語学は私のほうが上だ。でも、その他については、性行動に関する欲求など以外では、私のほうが決定的に女性、などとは言えない。お互い、異なる「個人」ではあるのだけれど。

男性と女性の脳は、育て方ではなく、生物学的に異なるところはある。が、それほど決定的に違うものでもないのである。

49　民主主義と合議主義

私はかねがね、日本には合議主義はあるが、民主主義はないと感じていた。私がなぜそう感じるかと言うと、日本では個人の決断が感じられないからである。

私の両親、特に母親は、私が自分自身の「個」をはっきりさせるようにと教育した。小さい頃から読んでいた物語や小説も、そんな「個」が主体の話だった。その後、英国のケンブリッジ大学で過ごしたり、アメリカのイェール大学で教えたりする間に、欧米の個人主義とはどんなものかがよくわかるようになった。私にとっては心地よいものである。

さて、日本であるが、最近の話としては、ＬＧＢＴＱの人々の人権に反対する態度である。大多数の「みんな」が安泰に暮らせるのであれば、少数の人々が困っていても構わない、という思想が背後にある。自分がそんなことになるとは全く思われないなら、そんな人たちは無視してよいという考えだろう。

次は、昭和の時代に流行った横溝正史の探偵小説である。地方の旧家のおどろおどろしい話が多いが、暴君に支配される村において、村全体の平穏が保たれるならば、暴君に好き放題されている女性はそのまま黙っていてほしい、という村民たちの民意が明らかなのである。

こういう構造が成り立つには、「みんな」というのがはっきり決まった集合体であり、自分は絶対に「みんな」の一員であってその外の人間にはなりえない、という確信がなければならない。明日は自分もあちら側の人間になるかもしれない状況では、そうは考えないだろう。だから、「家」「村」「国家」「男性」「日本人」などのはっきりとした境界線が必要なのだ。家のためなら、家の人でない人は無視してもよい、村のためなら、村の人間以外は困っていてもかまわない、日本人の全体が繁栄するためなら、どこかの地方が疲弊してもかまわない、などということになるのだろう。

ＬＧＢＴＱの人たちや、米軍基地問題を抱える沖縄、原発事故で苦労する福島の人たちもみな、この、それぞれの場で想定される多数派の「みんな」がよければ、どこか別の人が困っても気にかけない、という思想の犠牲者だ。誰かが独裁専制的にそう言っているのではない。みんなの雰囲気でそうなっている。

これを壊すには、「みんな」という境界線の了解をなくさねばならない。そうなると、誰もが一様に「個」になり、「個」として考えねばならなくなる。もう、その影に隠れる「みんな」というものがなくなるのだから。

日本にとって、それは本当に難しいことなのだろう。

50　戦争の文化

アメリカ人で日本近代史が専門のジョン・ダワー著、『戦争の文化』の邦訳が二〇二一年、上下二巻で出版された。太平洋戦争の開始である真珠湾攻撃、広島への原爆投下、そして九・一一のテロからイラク戦争までを扱い、戦争を起こす決定をする時の政権中枢部の思考パターンを考察している。そして、いつも見られるのが、自らに都合のよいようにしか考えない思考のバイアス、異論や批判の排除、過度のナショナリズム、敵の過小評価、文化的・人種的偏見だとし、これを戦争の文化と名づけた。

私は、この分析はその通りだと思うのだが、それを近代史の枠の中ではなくて、人類史的に考えてみたい。過度のナショナリズムと文化的・人種的偏見というのは、「われら」対「彼ら」という、内集団と外集団の区別だろう。集団間に競争関係があるところには、必ずこの内集団と外集団の区別にかかわる心理が働く。批判の排除は、この集団間競争の中で内集団での結束を固める方策の一つとして働くに違いない。

自らに都合のよいようにしか考えない思考のバイアスと敵の過小評価は、競争状況において、リスクを取らないよりも取る方向にかじを切る心理なのではないかと思う。競争状況における行動選択肢はいくつかあり、それぞれにリスクと利益が伴う。その時、リスクを冒しても大きな利益を得ようとする欲求が働き、それが思考のバイアスとなって現れるのだろう。

そういう議論の流れに対しては、必ずや異論と批判が出てくる。それらを排除し、ハイリスク・ハイリターン戦略を取るように仕向ける。そこには、内集団と外集団をことさらに区別して、外集団をおとしめ、内集団の結束を固くすることが必要なのだろう。

ヒトという生物の進化史の中で、内集団と外集団の敵対的状況における、このような情動的反応は常に働いてきたのだろう。しかし、私たちの脳には大きな前頭葉が備わっている。この部分で、さまざまな事柄を総合的に分析し、優先順位を決め、情動の単なる発動を抑える。学習の成果もその過程で勘案される。

しかし、世の中の複雑な状況では、分析的・論理的に解が一つに決まることはなく、意思決定の最後は情動が決める。そうすると、ダワーが述べているような「戦争の文化」による過ちが繰り返されることになるのだろう。よりよい判断を導くには、こんな思考のバイアスがあることを知るべきである。その上で、あえて異論を排さず、議論を重ねるべきなのである。最後はリーダーの決断。そこにも思考のバイアスはあるのだが。

VIII

地球環境問題

51　都会の暮らし、田舎の暮らし

新しい年を迎えた。久しぶりの長めの休暇。私たち家族は、ほとんどを伊豆半島の山の家で過ごした。聞こえるのは、風の音や鳥の声など、自然の音がほとんど。暖房は薪ストーブ。食事は地元の野菜や魚が中心。東京の家とは大違いの生活である。できれば毎週末は山の家で過ごしたいのだが、なかなかそうは行かない。それにしても、こちらに来るたびに、都会は消費の場所、田舎は生産の場所だと思う。都市というものは、多くの人々が密集して暮らす場所であり、これは、人類が定住生活をするようになってから生じた。

人類は、長らく狩猟採集生活を送り、食料を貯蔵することはできなかった。手に入るものだけで満足し、獲物が獲れなくなったら場所を移動するという、その日暮らしだった。それが、農耕・牧畜の発明により、一定の場所で生産活動をするようになり、食料が貯蔵できるようになった。

食料が大量に貯蔵されるようになると、多くの人々が暮らせる。多くの人々が集まって暮らすようになれば、生活する上でのさまざまな仕事を分業することができるようになる。専門化が進むということで、各種の職業が生まれた。いろいろな職業の人がいろいろな資源やサービスを提供できる。が、それらを手に入れるためには、対価としての貨幣の導入が必須となる。こうして現在に至る都市の市場経済のおおもとができた。

現代では、毎日の食料を得るにも、農漁業などの現場から食品の加工の場に移り、その後、卸しや小売りなど、いくつもの販売ルートを経ることになる。都市では、その行程が最も複雑で長い。田舎に行くと生産者に近いので、都会よりもずっと安くて新鮮な食料が手に入る。

一方、都市には実にさまざまな店や娯楽の場がある。それは、新しい発想のもとで人々の生活を変えていこうとするエネルギーの発露だ。そういったものを手に入れるには、やはり貨幣が必要だ。定住生活から始まった都市の暮らしは、あらゆる欲望を満たすための手段としての貨幣を必要とし、貨幣の蓄積を促す。田舎とは生産の現場なので、食料などの物価は安いが、新しいものを買うという消費の機会は少ない。その結果、蓄財の必要もそのチャンスも少なくなる。

私と夫は、毎日の生活の拠点は都会にあるものの、週末は山の家に行って過ごすことが多いので、田舎暮らしもしている。だから、都会と田舎、それぞれのよいところも悪いところもよくわかる。都会には自然が圧倒的に少ない。それは大きなストレスだ。しかし、都会の革新性とエネルギーは、これまた確かに魅力なのである。

52 蓄財の欲求は本能か

ヒトは、長い進化史のほとんどを、狩猟採集者として暮らしてきた。農耕と牧畜が発明されたのは一万年前である。ヒトの一世代の間隔を二五年とすれば、一万年は四〇〇世代だ。こんな短い時間では、ヒトの脳などの複雑な臓器の遺伝子に大きな進化が起こるとは考えにくい。

しかし、ヒトの暮らしと社会は、この一万年で大きく変わった。それに伴って、ヒトの感情や欲求なども変化してきたが、これらは、ヒトの遺伝子に起こった進化の結果ではなくて、文化的環境に誘発されたものに違いない。

狩猟採集民は、あまりものを持ちたがらない。電気がないし、冷蔵庫もないので、獲物がたくさん獲れても貯蔵はできない。そして時々キャンプを移動する。移動する時には馬車も自動車もないので、持ち物はみんな自分たちで担ぐ他ない。だから、ものがたくさんあるのを嫌う。獲れた獲物はみんなで分ける。植物性の食物はそれぞれの家族が自分で集めたものを食べるが、時にはそれらも互いに分け合う。キャンプの設営、火おこし、火の管理なども、みんなで行う。

では、彼らの間に、「所有」という概念はあるのだろうか。それはあるのだが、私たちの概念と同じではない。農耕牧畜が始まり、定住生活になると、蓄財が可能になった。それに伴って、物欲も拡大し、所有の概念も変化しただろう。先日、モンゴルの牧畜民の研究者からおもしろい話を聞いた。モンゴルでは、同じテントの中で寝泊まりする「家族」間では、そのテントの中にあるものはみんなの共有なのだそうだ。だから、日本人の彼が泊めてもらったテントで翌朝起きると、そこのおじさんが彼の靴下をはいて歩いていたそうだ（もちろん何の断りもなく）。

さて、現代の個人主義、資本主義、自由市場経済の社会に住む私たちは、個人の所有の概念がはっきりしており、自分が所有するお金やものを貯め込むことを心地よいと感じる。もっと貯金が増えればいい、もっといいものをたくさんほしいと思う。しかし、狩猟採集民などの暮らしからわかるように、このような所有欲、蓄財欲は、ヒトの本能ではなく、今のような環境だからこそ作られるものなのではないだろうか。

経済がどんどん右肩上がりの時代は終わった。ほとんどの人がそこそこに満足できる社会となった今、若い人たちの多くは、昔の人のようには貪欲に蓄財や贅沢をめざしていない。将来、今とは異なるタイプの持続可能な社会が実現すれば、物欲は減り、蓄財の意味も変わり、「昔はなぜみんな際限なくものをほしがったのだろう?」と不思議がられる日が来るかもしれない。

53　ヒトの分相応さ

伊豆の家の庭は、草むしりが大仕事である。春になるとどんどん草が生えてくるが、三、四月になってからではもう遅い。一、二月のうちからどれだけ取っておけるかが勝負。しかし、どんなにがんばっても、庭から雑草を根絶することはできない。動物であるヒトが、植物に勝つことは不可能なのだ。そもそも動物が植物に勝てるようでは、地球上の生態系が成り立たない。地球上に大量の植物が生えているからこそ、それを食物とする草食動物が存在できる。そして、その草食動物がたくさんいるからこそ、彼らを食べる肉食動物が存在できる。生物の総重量であるバイオマスは、植物が一番多くて、次に草食動物、そして最後が肉食動物。これが、生態系ピラミッドと呼ばれるものだ。

これは、エネルギーの法則にのっとった現象である。エネルギーは、意味のあるやり方で使われるごとに、その一部が、利用できない熱エネルギーに変換されて失われる。植物は、地球上に降り注ぐ太陽エネルギーを取り込んで自らのからだを作るが、太陽エネルギーのすべてを利用することはできない。そして、植物のからだを食べて自分のからだを作る草食動物も、植物のエネルギーのすべてを使うことはできない。以下同様なので、食物連鎖の上になるほど、その個体数は少なくならざるをえないのだ。

ヒトは雑食である。植物も食べれば動物も食べる。ということは、植物しか食べない草食動物と同じように多く存在することはできないが、動物しか食べない肉食動物よりは多くなれるということだ。動物が一平方キロ当たり何匹住めるのかは、その動物が草食なのか肉食なのかという食性と、その動物の体重によって決まる。草食動物のほうが肉食動物よりも多く住めるが、どちらも体重が重くなるほど住める個体数は減少する。ゾウは草食だが体重が重いので、そんなに多くは住めない。ライオンは肉食獣だし体重も重いので、ほんの少ししか住めない。

ヒトの体重を六五キロ前後とし、雑食なので草食獣と肉食獣の間だとすると、自然状態で一平方キロ当たりに住めるヒトの数（人口密度）は一・五人である。これは理論的予測だが、近代文明以前の狩猟採集民の人口密度は一・一人前後であったので、かなり正確な値であるようだ。

一方、現在の私たちヒトは八〇億人もいて、全地球の人口密度は一平方キロ当たり五三人ほどだ。ちなみに東京都の人口密度はおよそ六五〇〇人。豊島区、中野区では二万人を超えている。全く不自然な数字だ。ヒトは、石炭・石油・原子力などを燃やして、自らエネルギーを作り出すことで、こんな暮らしをしているのである。

54 地球環境問題の難しさ

Ⅷ—53で、ヒトという生物がいかにエネルギーを使い過ぎて繁栄しているのかについて述べた。私たちの暮らしは、この大きさの生物として分不相応である。人口が少ないうちはまだよかったが、総人口が八〇億を越え、多くの人々が、文明の快適さを求めるようになった現在、その結果が地球環境変動となってはね返ってきている。

グレタ・トゥンベリさんの抗議として始まった若い世代からの問題提起は、本当に重要なことなのだ。私たち人類は、地球の環境をあまりにも野放図に食いつぶしている。地球表面の全体を都市化し、森林をなくし、海を酸化させ、生態系のバランスを崩している。そして、これほど分不相応に振る舞ってバランスを崩していることを認識しない。したとしても、その重要性を無視している。

なぜなのだろう？　なぜ、こんなにも、誰もがこの目の前にある重大な危機を認識しないでいられるのだろうか。一つには、この問題は、ダイエットが難しいのと同じ構造だからである。ヒトの生活にとって、砂糖や脂肪は重要なエネルギー源だから、砂糖や脂肪はおいしい。かつ、ヒトという種が進化してきた舞台では何百万年にわたって、砂糖や脂肪がふんだんに摂取できる状況はなかった。だから、その取り過ぎに対する歯止めを私たちは持っていない。

地球環境破壊も同じだ。過去数百万年にわたって、人類は人力のみによって苦労して暮らしてきた。だから、できるだけ人力をセーブしたいという欲求を備えている。そして、人類がこれほど人口を増やしたことはなかったし、これほどエネルギーを消費できるようになったこともなかった。そうして環境破壊が起きるようになったのは、人類進化史ではごく最近のことに過ぎず、そのことに対する認知的歯止めを、私たちは備えていない。

それに拍車をかけているのが、資本主義と自由市場だ。この経済的仕組みは、何をどう転がしても、青天井に利潤を産み続けねばならないようにできている。以前、私が地球環境問題に対する懸念を表明したところ、ある経済人が、「学者というのは、四半期決算など関係なく、何百年の単位でものを言う」と不満を漏らした。それに対する私の返答は、「あなた方が四半期決算のスケールでしかものが言えないので、私たち学者が何百年の単位でものを言うのです」ということだ。

利潤が上がらないというのは、目前の確実なコストだ。しかし、そのコストを負って地球を守るという将来の不確実な利益を、私たちは直感的に認識できない。しかし、これを何とか乗り越えないと、地球環境は確実にだめになる。

55　知られざる昆虫の不思議

私は、ヒトという生物を研究する自然人類学者だが、ヒト以外の動物の行動と生態についても、いろいろと研究してきた。が、私が対象としてきた動物はみな、サルなどの霊長類や、シカなどの有蹄類《ゆうているい》、そしてクジャクと、大型の動物であった。

バードウォッチングが趣味なので、研究はしていなくても、鳥についてはそこそこに詳しい。都会の真ん中でも森の中でも、鳥が飛べば、目の隅を横切るだけで感知できる。鳥の大雑把な外見だけで、何の仲間なのか、だいたいは検討がつく。

ところが、昆虫となると、どうも勝手が違うのだ。第一、小さい。そして、種の数が多過ぎる。鳥は世界中におよそ一万種が生息しているが、昆虫は、学名がつけられているだけで一〇〇万種もいる。本当は何種いるのかわからない。現在でも全貌がつかめていないのだ。

子どもの頃から昆虫に夢中な人はよくいるが、私は、そういう類いの人間ではないし、詳しくもない。ところが最近、偶然にもめずらしい虫を見つけ、昆虫に対する興味に火がついた。両方とも甲虫で、一つは、アカマダラハナムグリである。これは、葉山のマンションのベランダでひっくり返っているところを発見した。体長二センチにも満たない、背中に赤黒い模様のある甲虫だ。

調べてみると、この虫の幼虫は、オオタカやミサゴなど猛禽類の巣の中で育つらしい。鳥の巣の中で暮らすという一風変わった生活様式の動物はいるが、幼虫がそこで育つという昆虫がいるのだ。葉山にはトビがたくさんいるから、その巣の中ででも育ったのだろうか。

次は、ムネアカセンチコガネである。これも二センチにも満たない小さな甲虫で、赤と黒の模様がある。こちらは伊豆の庭で見つけた。名前がセンチコガネ（雪隠黄金）なので、動物のフンを食べる甲虫かと思うと、そうではないらしい。最近の発見によると、彼らは地中を掘って、植物の根と共生している菌の胞子を食べるらしいのだ。それは、アーバスキュラー菌根菌という菌である。この菌は、地上性の植物のおよそ八〇パーセントと共生している。この菌が土中のリンを吸収し、植物の根がリンを吸収するのを助けているのだ。ムネアカセンチコガネは、地中八〇センチまでも深く掘った穴の中に、大変大きな卵を少数だけ産むそうだ。

こんな生態を知ると、たいして美しくもない甲虫だが、とてもいとおしくなる。生物の多様性の全貌について、私たちはまだほんの少ししか知らない。それなのに、私たちは、この自然を急速度で破壊しているのである。

56　カーボンニュートラル

最近、急にカーボンニュートラルということが言われ始めている。気候変動の危機について、ずっと以前から生態学者は警告してきたのに、経済界の反応は鈍かった。それがなぜ急に、というのが疑問だった。

聞くところによるとそれは、アメリカの機関投資家たちがハリケーン・カトリーナの惨状を見て、これは人為的なことが原因だろうと思ったことに始まるらしい。そこで、機関投資家たちはエコを配慮する企業にしか投資しませんよ、というメッセージを出した。それが経済界を大きく変えたということらしい。そうだとすると、最近起こったニューヨークの大洪水も、アメリカにおける同じような危機感を加速させるだろう。ニューヨークの地下鉄の駅にほとばしる洪水の映像は衝撃的だ。

しかし、投資家というのは、やはり金もうけが目的だ。「環境問題」は「経済成長」と対立するという考え方を廃し、「環境問題」を「経済成長」の原動力にしようという発想でカーボンニュートラルを提唱している。あくまでも金もうけが主目的で、地球環境に対する危惧はその手段に過ぎないと見える。それでもその結果として、本当に気候変動への対処が進み、本当に地球環境がよくなればよいのだが、この構造だと、金もうけにはつながらない環境問題はやはり注目されないだろう。

生態学者は、もう五〇年ぐらい前から、この文明による環境破壊の深刻さを指摘してきた。しかし、生態学者は経済については無知なので、環境破壊を抑えながらどのようにして経済を回していけるのかについては、何の腹案もなかった。

そこは経済学者に考えてもらいたいのだが、経済学者はやはり貨幣換算で考える。環境経済学という分野が出てきた時、生態学者との対話を試みたのだが、環境経済学者から、環境を守るために市民がいくら払うつもりがあるかという支払い意志額という尺度が出された時、生態学者は、ああ、これでは議論にならないと思った。

英語で生態学はエコロジー、経済学はエコノミクスだ。共通する「エコ」は、ギリシャ語のオイコス、つまり「家」である。両者ともに家の暮らしを対象にしている。しかし、この二つの分野はどうも連携が取れていない。

投資目的だろうと、経済界が気候変動と環境問題に注意を向けてくれるようになったことはうれしい限りだ。生態学者としての私は、みなさんやっと気がついてくれたか、でももう手遅れかもね、という感想だ。そうならないように願う次第である。

57　ヒトによる大量絶滅

二〇二二年は寅年。トラは日本には生息していない。コーカサスより東のアジア大陸、東南アジアからインドネシアの島々にまで住んでいた。そういう背景から干支の中に入れられたのだろう。干支は古代の中国が起源だ。

その干支を日本は中国伝来で受け入れたわけだが、トラとはどんな動物なのか、昔の日本人は知らなかった。円山応挙や長沢蘆雪の描いたトラの絵は有名だが、本物は見たことがないまま描いた。どれも、どことなく本物らしくないし、まるでイエネコのようなものもある。

トラはパンテラ・ティグリスという学名である。二〇世紀以前にはアジア大陸とインドネシアに広く分布していた。地方ごとに亜種に分かれており、少しずつ色や毛の長さなどが異なる。しかし、今では多くの地域で絶滅してしまった。インドネシアのスマトラ島に住む亜種であるスマトラトラは、野生では数百頭しかいないと考えられているが、詳細は不明。シベリア東部に生息する亜種のアムールトラも同様だ。

生物のさまざまな種が、かつてないスピードで絶滅している。それも、ヒトという一種の生物による活動の結果だ。地球の歴史では、これまでに何度も種の大量絶滅が起こってきた。古生代、中生代、新生代などという地質年代が区別されるのも、その間に大量絶滅が起こって、生物相が激変しているからこそわかることだ。しかし、それらはみな、地球の地殻の変動や小惑星の衝突など、物理的に生じた出来事の結果であり、地球上に存在しているどれか一つの生物種が引き起こしたものなどではなかった。

たとえば、およそ二億六〇〇〇万年前、史上最悪と思われる大量絶滅が起こっている。それは、二畳紀と三畳紀との間に起こった大量絶滅であり、それが古生代と中生代とを分ける指標となっている。この時には、古生代の生物のおよそ九八パーセントまでもが絶滅したと推定される。その原因は地殻変動であり、パンゲアという巨大大陸の生成にあった。それまでに存在したいくつかの大陸が融合し、一つの大きな大陸が形成されたため、海洋も陸上も環境が大変動し、多くの種が絶滅した。この変化には数百万年がかかった。

それに対して、現在ヒトが引き起こしている絶滅は、ヒトという種の活動の結果であり、しかもあっという間の出来事だ。こんな急激な変化がどんな結末をもたらすのか、それは誰も知らない。地球自身はこのまま存続するが、その表面の環境が激変する。それが、ヒトという種にとって快適なものでなくなることだけは確かだ。

58　雑草との戦い

週末は、庭の雑草の草むしりをしていることが多い。この頃は気候もよく、広い空の下、庭に出ているのは実に気持ちがよい。雑草と十把一絡げに言うが、どの草もきちんと分類されて学名がつけられている。なぜ「雑草」と一括りにされるかと言えば、畑や庭など、ヒトが特定の植物を育てたいと思っているところに、勝手に生えてくる植物たちだからだ。

これはヒトの都合からの分類だが、生態学的に見ると雑草とは、生息地の撹乱に見事に対応しているところが素晴らしい、一群の植物である。踏みつけても踏みつけても絶対につぶれないオオバコ。日陰でも日向でも他の植物が密集しているところでも、茎の長さなどを自在に変えて伸びてくるチヂミザサ。丈が高く、抜くのが大変な種類では、オオアレチノギクとヒメムカシヨモギ……。

コミカンソウなどは、ほとんど全部取ったはずなのに、次の週末になるとまたたくさん生えている。どうしてこんなことになるのだろうと不思議に思っていたら、雑草というものは発芽の時期を微妙にずらして出てくるので、ある時に全部取ったと思っても、まだ休眠中の種子が土中にたくさん残っていて、次々と時間差攻撃で生えてくるのだそうだ。

同じ庭で何十年も草むしりをしていると、雑草の仲間にも興亡があり、数年や数十年で広がったり、いつのまにか消えたりする変化があることがわかる。昔はイヌノフグリ、ハコベなどはたくさんあったものだが、最近はあまり見ない。この数年、すごい勢いでのしてきているのはウラジロチチコグサである。植物と、それにとりつく病原体との戦いなどにより、こんな周期が生まれることもあるらしい。

芝生の中に生えたチドメグサは大変に厄介だ。白い長い根を芝生の根の間に張り巡らしているので、芝生をかき分けながら丁寧に取り除いている。長く一続きに根が取れると大変にうれしい。しかし、取っても取っても、振り返って眺めるとまだまだ生えているのが見えると、達成感も薄れてしまう。

人間は動物である。動物は、植物や他の動物を食べて生きている、従属栄養生物だ。一方、植物は、水と太陽の光から光合成で栄養を得る、独立栄養生物である。植物が豊富にあってこそ動物は生きていけるのであり、動物の総重量は植物の総重量よりもずっと少ない。

だから、私が何を頑張ってやろうとも、雑草たちに勝つわけがないのだ。もしも勝ったら、それは何か不自然なことだ。空気に、空に、鳥の鳴き声に、花々に、季節を感じつつ、シコシコと草むしりをするのは楽しい。真夏以外は。

59　人新世の時代

地質時代区分というものがある。地球ができてから今までの期間を、いくつかの時代に分類したものだ。今は新生代の第四紀である。第四紀は、更新世と完新世に分かれており、今は完新世。ところが、最近の人間があまりにも多くのエネルギーを消費し、広範囲に地球表面を改変し、さまざまな物質を放出しているので、後世にまで残る地質学的影響を与えていると考えられるようになった。そこで、人新世という新たな地質時代区分を作るべきだという提案がなされている。

地球の歴史を振り返ってみよう。この地球はおよそ四六億年前にできた。生命が誕生したのは三八億年ほど前。しかし長らく、生物とは微生物でしかなかった。化石になるような、殻や骨などを持った大きな生物が出現したのは、およそ五億五千万年前である。そこからの時代を顕生代と呼ぶ。顕生代は、古生代、中生代、新生代の三つに区分されている。

恐竜が絶滅して新生代が始まったのは、およそ六六〇〇万年前だ。新生代は哺乳類の時代である。その新生代は、古第三紀と新第三紀と第四紀の三つに分かれている。その第四紀が始まったのは二五八万年前。氷期と間氷期が繰り返される時代だ。そして、最終氷期が終了したのが一万一七〇〇年前で、そこから現在までを完新世と呼ぶ。

私たちの祖先が農耕と牧畜を始めたのは、完新世になってからである。それまでの狩猟採集生活は、自然の恵みをいただくだけの生活だったが、農耕・牧畜の開始とともに、人間は森林を伐採するなどして地球表面を改変し、自ら食料を生産するようになった。これは大変革である。それでも産業革命までは、人間の使えるエネルギーと言えば、人力、家畜の力、風力などに限られ、太陽エネルギーの域を越えてはいない。それが、産業革命以来、石炭や石油を燃やすようになり、やがては原子力を開発し、本来なら生物が利用するはずのないエネルギー源を持つようになった。それはたかだか二〇〇~三〇〇年前の、一八世紀半ばから一九世紀にかけてのことだ。

そこから先の人間の発展には目覚ましいものがある。人口も一人当たりのGDPも爆発的に増え、生活状態は劇的に向上した。それと同時に、環境破壊が起こり、気候変動も深刻化した。ウイルスの蔓延も頻度を増した。

人新世がいつから始まったのかには、まだ共通見解はない。しかし、四六億年の地球の歴史の中では、最後のほんの一瞬でしかないのは確かだ。これほど短い期間に、これほどの大変化を私たちは起こしているのである。

IX 進化環境と現代社会のズレ

60　すっかり変わった現代の暮らし方

人類の進化史のほとんどを、私たちは狩猟採集をして暮らしてきた。農耕や牧畜が始まったのは、およそ一万年前。私たちホモ・サピエンスが誕生してから二〇万年の進化史の中でも、最後の二〇分の一に過ぎない。

だから、私たちのからだの基本設計は、狩猟採集生活に基づいている。狩猟採集生活は、野生の動物や植物をとって食べる、放浪の生活だ。とても大変で、飢餓とすれすれであるかのように想像するかもしれないが、そうでもない。それは決していろいろなものにあふれたという意味での「豊かな」生活ではないが、ある意味、豊かでとても健康な生活なのである。

野生の動物を追跡し、弓矢や罠でしとめたり、食べられる植物を探したりすることは、とても難しくて先の見えない生活のように思うかもしれない。今の私たちが、急に狩猟と採集で生計を立てろと言われたら、それは無理だろう。しかし、狩猟採集民は、私たちと同じ脳を持った人間だ。私たちが今の複雑な産業社会を生きるために使っている能力のすべてを狩猟採集の技術に投入したら、そして、そのような生活を代々受け継いできたならば、結構うまくやっていけるのだ。

現在もまだ狩猟採集生活を続けている人々の暮らしをもとに、さまざまな研究を合わせると、狩猟採集者が食物獲得その他のために働く労働時間は、毎日平均五時間ほどだ。大型獣はいつも獲れるわけではないので、毎日の栄養源は植物などである。球根や根茎、種子、葉、果実、昆虫、魚介など、実に種類が豊富だ。そのために栄養全般がバランスよく保たれていた。農耕が始まり、米や小麦など少数の食品に頼るようになって以後、カロリーは増えたが栄養は偏り、健康状態はむしろ悪化した。狩猟採集社会はまた、とてもよく移動する社会である。獲物や植物を求めて毎日歩き回り、その分布に応じてキャンプを移動する。みんな、毎日一〇キロ以上は歩く。そして、何かの職の専門家などはいないので、狩猟と採集のみならず、キャンプで掘っ立て小屋を建てる、火をおこす、調理をする、子どもの世話をする、病気やけがに対処するなど、個人がだいたい何もかもできねばならない。

現代の暮らしはすっかり様変わりだ。自然から切り離され、オフィスで座り続ける仕事。一日三〇種類以上のものを食べましょう、毎日一万歩歩きましょう、と言われるが、普通に暮らしていればそれすら難しい。健康のためには、三〇分おきにストレッチをしたり、一時間おきに歩き回ったりするのがよいそうだが、オフィスでそんなことできるだろうか。

61 社会が変わっても変わらない、人類の共通点

IX—60で、ヒトという生物が進化してきた舞台について述べた。全世界のさまざまな環境に進出している私たちヒトだが、一段抽象化すると、①高エネルギー、高栄養で獲得困難な食物を食べ、②その食物獲得のために高度な道具を使用し、③生活の技術を習得するには膨大な知識を必要とする。④それらの習得を完結させるための子育てには、親のみでは不可能で、みんなで子育てをする共同繁殖である、⑤ヒトは単独では生きられず、社会生活を必須とするが、それには、競争と協力が複雑に絡み合う、社会的知能が必要である、といった内容である。

世界中のさまざまな地域に住む人々は、それぞれに異なる食べ物を食べ、異なる社会を築いてきたが、抽象化すれば、みな、これらの点においては共通なのだ。そして、このことは、狩猟採集社会から現代の社会へと社会の様相が変化してきた間も、少しも変わりはなかった。

現代社会の食物は、スーパーなどの店で売られているものであり、それらを得るにはお金がなければならない。お金を稼ぐことは難しいことであるし、食料の生産から流通までの仕組みは複雑だ。食物が食卓に載るまでには、さまざまな高度な道具と知識が駆使されており、さまざまな産業がかかわっている。

要するに、現代の社会で食べていくためには、何らかの産業の一員として働かねばならないのだが、そのための知識の習得には何年もかかる。こうして働いて自分で食べられるようになるまで子どもを育てることは、とても長い道のりであり、親だけでできるものではない。現代では、このような知識の習得は主に学校という場所で行われるのだが、学校のみならず社会全体で子どもを一人前に育て上げているのである。

現代社会でも、ヒトは決して一人では生きていけない。狩猟採集時代には産業というものはなく、基本的に個人が何でもやりながら生業を営んできた。現代社会は、産業社会、高度な分業の社会、貨幣経済の社会である。お金を稼いでいれば独立して生きているかのように思えるかもしれないが、それは、お金という記号を介して、生きるために必要ないろいろなサービスを手に入れているのである。サービスを提供できる人たちがいなければ、お金だけあっても生きてはいけない。

このような社会生活には、競争関係と協力関係が複雑に入り組んでいる。しかも、現代社会は狩猟採集社会とは異なり、社会の規模がケタはずれに大きく、関係性の度合いもさまざまな人々がつながり合っている。ヒトの進化環境の原点から、現代社会の問題を取り上げていきたい。

62　糖分と脂肪はなぜおいしいか

脳の大きさには、からだが大きくなれば脳も大きくなるという一般的な関係がある。絶対値で見ればゾウやクジラの脳はとても大きいが、それはからだ自体が大きいからだ。霊長類は全体として体重の割には脳が大きいのだが、ヒトの脳は、霊長類一般の体重との関係から推定されるよりもずっと大きい。ヒトは、チンパンジーなど類人猿の体重と脳重の関係から推定される値の、およそ三倍もの脳を持っているのである。

ところで、脳というのは、とてもコスト高な器官である。私たちは、この大きな脳を持っているというだけで、たとえ何も考えていなくても、摂取するエネルギーの二〇パーセントを使っている。テレビなどの家電製品と同じく、すぐに稼働できるために潜在的にオンにしておくことにエネルギーが必要なのだ。

ヒトという生物は、高栄養・高エネルギーの食物を摂取するように進化してきた。それが必要だった理由は、この大きな脳である。大きな脳を発達させ、維持していくためには、相当な量のエネルギーと、栄養、特に脂肪が必要なのである。そこで、私たちヒトは、この脳を持つために必要なエネルギーと栄養が保障されるような食事をしなければならない。すると、進化的にはそのような食事を「おいしい」と思う嗜好が形成される。だから、エネルギー源である糖分はおいしいし、脂肪やタンパク質はおいしいのである。

現在地球上に存在しているすべてのヒトは、親から生まれてきた。つまり、繁殖に成功した人たちの子孫である。ヒトはたくさん生まれてくるが、すべての人が親になるわけではない。つまり、今いるどんな人々も、うまく生存して繁殖した人々の遺伝子を受け継いでいるので、それは、「おいしい」ものをちゃんと食べた人たちの子孫なのだ。

そして、これまでの人類進化史の中で、糖分や脂肪が、現在のように安くてあり余るほどあった時代はない。常に糖分や脂肪は、得るために努力しなければならない貴重な資源だった。いったん手に入れれば、存分に食べる。今度いつ手に入るかわからないから。そこで、今の私たちのからだには、糖分や脂肪の摂取を控えるようにするシグナルは備わっていない。進化史の九九パーセントにおいて、糖分や脂肪がふんだんにある状況などなかったからだ。

糖分や脂肪がふんだんにあり、安く手に入るという状況を作ったのは、私たちの文化である。それがメタボなどの健康被害をもたらすことになった。それを制御するのは容易ではないが、自分たちがそれをもたらした以上、自分たちで対処法を考えねばならないのだ。

63　料理の行方

動物にとって、食べることは大変に重要な仕事である。植物は自分が生えている周囲の土にある水を吸うことで栄養を得ているが、動物は植物を食べるにしろ他の動物を食べるにしろ、自分でアクションを起こして食べねばならない。

ヒトは雑食の動物なので、さまざまな植物と動物の食材を自分たちで調達し、火を使って調理してきた。土地が変われば手に入る食材も変わり、調理法も変わる。だから、季節の訪れを告げる独特の料理が地方ごとにあるのだ。

最近の生活では、「料理」する行為は、どんどん影が薄くなってきているようだ。スーパー、デパ地下、コンビニでのお総菜の品揃えは、相当に充実している。忙しい人が増える中、これは当然で、望ましいことなのだろう。

もう一五年以上前になるが、保育園では、やってくる子どもの保護者に、「一日三食のうちの一食は手作りにしてあげてください」と言っていた、と聞いたことがある。ところが、一〇年ほど前から、それはもう無理なので、「一日三食のうちのどれか一品は必ず手作りにしてあげてください」と言うようになったそうだ。

調査によると、夫婦が共に働かねばならない、が、夫はほとんど家事をしない、というのが日本の一般家庭であるらしい。そうであれば、親が料理にかける時間はどんどん削られていく。そして、次の世代である。こうして、親が料理をせず、調理済みの食品で育った世代は、たとえば、イワシ、サバ、アジの違いがわかるだろうか。マグロやウナギをさばく家は昔からほとんどない。しかし、先に挙げた魚たちは、丸ごとの魚のからだを見て、買って、調理をしてきたものだ。そのような知識も感覚も、消えてしまうのかもしれない。

食事を作るという行為は、たしかに手間も時間もかかる。人類進化史では、食材を手に入れることも火をおこすことも共同作業で行ってきた。人類は、そうやって料理をしてきたのだ。まさに、それが「生きる」ための時間の使い方だったから。

今や、人々の時間の使い方がすっかり変わった。分業が進み、自分が食べているものに関して何の知識も興味もなくても、食事を買うことができる。「食」は、個人の生き方ではなく、それに特化した産業にまかされる。

これも数十年前の話だが、日本語の未来予測で、今後消えていくだろう単語の中に、「またいとこ」と「おふくろの味」があった。まさに、それが現実になってきている。料理は趣味として生き残るのだろうか。

64　時間管理社会とストレス

新しい年を迎えた。時間はずっとつながっているものの、一つのサイクルが終わり、新しいサイクルが始まった。

私たちが「時間の流れ」というものをどのように感知するのか、その脳内メカニズムや遺伝子基盤については、最近、ずいぶんいろいろなことがわかってきた。後ろから前に向かって進む直線のような感覚で時の流れをとらえるというのは、生物学的基盤があってのことらしい。それと同時に、朝が来て夜が来て一日というサイクルが回る、という感覚にも生物学的基盤がある。こちらは体内時計と呼ばれ、無脊椎動物にもある。

さて、砂時計のようにある一定の時間の経過を測る装置や、日時計のように一日のうちで今がどのくらいの時間的位置にあるのかを測る装置は、文明の発祥の頃から、いろいろな地域で作られてきた。また、ストーンヘンジのように、夏至という時を知るような、一年のサイクルを示す装置もあった。特に、一万年ほど前に農耕が始まって以降は、一年のサイクルに合わせて行動計画を立てることが重要になった。そこで、暦の登場である。

やがて、機械の時計ができ、時計によって正確に労働管理がなされ、交通機関も正確に運行されることになり、生産効率が大いに上がった。だから、先進国の人々は、途上国の「いいかげんな」時間感覚にいらいらする。しかし、誰もが腕時計を持ち、九時から五時で働くというような生活になったのは、人類史の中ではごく最近のことだ。しかも、デジタルの時計が示す「14時23分」のような単位で行動することは、ヒトという生物の感覚には合っていない。

思い返せば、一九八七年、私が博士号取得後の研究員として英国のケンブリッジ大学に滞在した時のことである。当時の英国では、デジタル時計の普及により、子どもたちが「9時45分」という言い方に慣れてしまい、「クウォーター・トゥ・テン」という表現を使わなくなることがよいことか悪いことか、という議論が行われていた。

時間認識に生物学的基盤はあるにせよ、時をどのように認識するかは、文化の問題である。その文化は、たとえば科学技術の発展などによってどんどん変わる。でも、それに応じて私たちのからだも変わっていくわけではない。現代先進国の社会では、途上国に比べてうつ病の発生率がかなり高い。その原因の一つは、生物学的時間感覚に合わない時間管理社会だからではないかと私は疑っている。これからの科学技術を使い、時間の正確性は確保しながら、人々にストレスを感じさせない働き方を探れないだろうか。

65　言語とICT

動物のコミュニケーションに使われる信号は、正直な信号なのだろうか。たとえば、一頭のシカの雄が大きな角を振りかざし、近づいたら闘争するぞという信号を別の雄に対して発する。それを見た相手の雄は、それを信用するべきなのか。

これは、行動生態学上の大きな問題であり、さまざまに研究されてきた。シカの場合、その威嚇信号を無視して喧嘩をするかどうかは、対峙する二頭の雄の力の差による。本当に大きくて強い雄に対し、そこまで強くないのにかかっていけば、負けてけがをする恐れもある。そこで、二頭の雄は慎重に相手の力量を測りながら、どう出るかを決める。つまり、信号の信憑性は、実際の力の強さで最終的に判定されるわけだ。

また、鳥が派手な羽を誇示してダンスを踊り、雌を呼び寄せようとすることもある。このような求愛の信号は、免疫が強くて病気になりにくいなど、本当に強くなければ出せない信号なのだ。つまり、弱いのにまねしようとしてもできない、ということで信憑性が担保されている。

さて、ヒトの言語コミュニケーションの内容の信憑性である。言語は、息を吐く間に声帯を微妙に調節し、舌と唇を動かして発声される。この行為自体にそれほどのコストはかからない。一方、発話の中身に嘘を混ぜ、他者を操作することの利益は、かなり大きい場合もある。だから、世の中に嘘つきや詐欺師がいるのだ。言語コミュニケーションの内容の信憑性は、人類進化の中で、人々の生身のつき合いによって担保されてきた。目の前にいる相手の表情、声の調子、動作、返答に一瞬の間があったかどうかなどが、本人がどういうつもりでそれを言っているのかを示す指標である。知っている相手なら、これまでのつき合いの中で蓄積した情報もある。匿名ということは普通ありえないので、嘘はいずればれる。ばれた時のコストは大きい。

ネットのテキストメッセージだけでのコミュニケーションには、このような実際の発話に対するチェック機構が存在しない。全くうれしくなくても、「うれしい」と書いてニコニコしたマークなどをつけることもできる。フェイク・ニュースがこれほど蔓延するのも、ネットのメッセージの信憑性にチェック機構がないことの表れだろう。その対抗戦略として、ファクト・チェックという行為が「進化中」であるようだ。ネットで嘘をつくのは生身よりも簡単だ。匿名性が高く、ばれるコストも小さい。言語の信憑性がどう担保されるのかは学問的な問題だったが、今や、現実社会の問題として立ち現れている。

66　ヒトの子どもはなぜ大声で泣くのか

私の大好きな児童文学の一つである『ドリトル先生航海記』の中に、こんな場面がある。動物の言葉が話せるドリトル先生に診てもらおうと、先生の家の勝手口に、ノウサギの母親が、ぎゃあぎゃあ泣く赤ん坊を連れてやってくる。オウムのポリネシアが、どうせ毒草でも食べさせたのだろう、ああいう母親は考えなしだからと嘆く、という場面だ。

私がこの話を愛読していた小学生の頃は、この場面に何の違和感もなかった。しかし、ニホンザルやアフリカの野生チンパンジーの研究をするようになって気づいた。サルや類人猿だけでなく、シカもイノシシも、野生動物の赤ん坊は、決してぎゃあぎゃあ泣いたりしない。そう言えば、猫や犬の赤ちゃんも、ぎゃあぎゃあ泣かないではないか。その理由は簡単だ。大声で泣けば、捕食者に見つかって食べられるリスクが高いからだ。その事情はヒトの進化史でも同じだったろうに、ヒトの赤ん坊も子どもも、時に大声で泣く。

これはおもしろい。なぜヒトの子どもは大声で泣くのだろう？　哺乳類の赤ん坊は、たいていは母親のすぐそばにいる。だから、不具合を母親に知らせなくてはいけないとしても、それほど大きな声を出す必要はない。しかし、ヒトの赤ん坊は、母親のからだにしがみつくことはできず、どこかに置いておかれることが多い。そうだとすると、時に大声を出す必要はあるだろう。

でも、それだけだろうか。私は、これは、ヒトが共同繁殖であることと関係があると考えている。ヒトは、両親、兄弟姉妹、祖父母などが家族を形成する。そして、そのような家族がそれぞれ孤立して暮らすのではなく、多くの家族が一緒に集まって暮らしている。血縁も非血縁も含めて多くの人々が協力し合わねば暮らしていけない。それは子育ても同様で、子どもを育てるためには多くの人々がかかわる。そういう状況で、子どもの具合が悪かったり何かが不満足だったりする時、世話をしてくれるのは親だけではない。何かしてくれるだろう潜在的な存在は周囲にたくさんいる。そこで、子どもは大声を出し、そういう人たちをリクルートしようとしているのではないだろうか。

今の核家族、個人主義の都市生活では、誰もよその人に気軽に声をかけることはしない。だから、電車の中などで子どもがぎゃあぎゃあ泣くと、親だけがなだめようとし、周囲に恐縮するばかり。この光景は、ヒトの進化史と現代社会のギャップの象徴であると思うのだ。

67　ITとプライバシーと信頼

「ホテルの部屋に帰ったら、ボスに電話してくれという伝言があった」というような文章が出てくる最後のスパイ小説は、何年頃なのだろう？　今、私が読んでいるのは一九八五年のギャビン・ライアルの作品だが、ＣＩＡやＫＧＢが暗躍する中で、こんな状況が出てくる。

今は、誰もが携帯電話などを持ち、その画面を見ながら歩いている時代だ。連絡したい時に連絡できないという状況は、普通は考えにくい。私たちの日常生活は様変わりしたが、昨今のスパイ活動というものも、昔とは全く違っているのだろう。

携帯電話やパソコンなどの機器を通じて、私たちは世界中とつながっている。そして、誰にメールを送ったか、誰と話したか、どんなものを購入したか、どんなサイトを閲覧したか、すべてはデータとなって蓄積されている。防犯カメラは街中に張りめぐらされており、ＧＰＳは私たちの居場所をモニターする。どこをどう歩いたかもわかる。これらのデータを駆使して何かをしようとすれば可能だし、これまでには全く考えつきもしなかったことができるだろう。それによって「よりよい新しい社会」を作ろうとする向きもある。

コロナ禍では、感染者と接触したかどうかを知らせるアプリが話題になった。また、中国では、

ＩＴ機器を駆使した全社会の監視体制が綿密に組まれており、これが感染症の封じ込めにも「活躍」したそうだ。

もう一五年以上も前になるが、犯罪防止のために繁華街に防犯カメラを設置することに対して、大いに議論がなされたことを覚えている。そのカメラで常にとらえられてしまう個人住宅の窓を隠すにはどうしたらよいかなど、プライバシー保護の問題だ。

今では、自分自身の携帯その他からだけでも、その頃の何百万倍もの情報が常にどこかで取られているのに、もはや人々は何の抗議もしない。日常的に携帯などがあることの便利さのほうが大きいからだ。

しかし、グーグルその他の一部の企業が、ありとあらゆる情報を握っていることへの懸念がついに表明されるようになった。国家と企業が、情報をどのように収集し、使用してよいのかについて、問題にされるようにはなったが、解決にはまだほど遠い。

昨今は、配偶者や恋人の携帯を「のぞき見」できるスパイ・アプリが開発されている。自分のパートナーがどこで何をしているのか探りたい、ということだ。さらなる技術開発や法律でこれらに対抗することはできるのだろうが、信頼というものの本質も、やがて変わっていくに違いない。

68　文明を設計し直す

カラハリ砂漠に住む狩猟採集民であるサンの人々は、昔はブッシュマンと呼ばれていた。この呼び名は西欧世界から見た蔑称であるということで、最近は使われない。蔑称かどうかの議論はあるが、狩猟採集民は農耕・牧畜を行わず、定住せず、文明を築けず、今の社会の発展について行けなかった人々だという偏見は、多くの「文明人」が持っているのではないだろうか。

狩猟採集生活では、獲物を追いかけて獲り、それを主なタンパク源としている。これは、毎日獲れるものではない。毎日のエネルギー源は植物性の食物である。これはほぼ毎日採集できる。家は建てず、火をおこしてキャンプを作るが、しばらくするとどこかに移動する生活だ。

自然の恵みを享受する生活なので、努力して自然を改変することはない。分化した職業はなく、誰もが生活全般について何でもできなくてはいけない。しかし、単独で生きていくことはできないので、みんなで協力し合って暮らす。その生活には、愛も憎しみも悲しみも怒りもあり、正義感も嫉妬もカッコよさもユーモアもある。集団間闘争もあり、話し合いによる紛争解決もある。

狩猟採集生活は、私たち人類の本来の生計活動であり、人類はみな狩猟採集者として進化した。しかし、およそ一万年前に農耕と牧畜が始まって以来、人類のほとんどの暮らしは激変した。その中で、今に至るまで狩猟採集生活を続けている集団は世界中にいくつか残されているものの、多くは周囲の文明と何らかのかかわりを持たざるをえなくなった。

人類の大半が農耕・牧畜を採用し、定住生活を始める中で、狩猟採集民は隅に追いやられ、差別され、搾取されたり虐殺されたりしてきた。一八世紀から二〇世紀までを通じて、文明社会のほうが狩猟採集社会よりも優れているという偏見が蔓延し、先進国の社会は、彼らを「高貴な野蛮人」のように郷愁を込めて礼賛するか、「ただの野蛮人」として蔑むか、どちらかだったように思う。しかし、狩猟採集生活は、ヒトという動物にとっての持続可能な適応的行動であり、人類史の九〇パーセント以上にわたって続けられてきた。ここ一〇〇年ほどで発達した都市型産業の文明生活は、少しも持続可能ではなく、心地よくもない、奇妙な生活なのだ。

今やっと人々は、その奇妙さに気づき始めているのではないか。こんな暮らしは、人間本来の暮らし方ではない。狩猟採集生活に戻るのではなく、あの暮らし方がなぜ適応的だったのかを知り、文明を設計し直す時期ではないかと思う。

69　貨幣と人間の本性

貨幣というのは不思議なものだ。私たちは、今では貨幣で経済が回ることを当然として暮らしているが、ヒトの進化史から考えると、こんなことはごく最近の出来事に過ぎない。よく知られているように、貨幣の価値とはみんながそれを信奉しているからこそあるのであって、物質としてはただの金属の固まりや紙切れに過ぎない。しかし、それらが一〇〇〇円や一万円を表していると全員が信用していれば、その価値が生まれる。このような「共同幻想」が可能なのが、ヒトという動物なのである。

貨幣自体は食べることもできず、何らかのものと交換することによって初めて欲求が叶えられる。しかし、貨幣は抽象的な価値の体現なので、何らかの用途に限られることはない。お金で買えるものなら何でも買えるし、ヒトの欲望の対象となるもののほとんどはお金で買える（それが合法的かどうかは別として）。本当に抽象的な万能の価値だ。ヒトは、ほしいものがたくさんあればあるほど、たくさんのお金がほしいと思う。もっともっともうけて、それで夢を実現しようと思う。こうして貨幣は社会をめぐり、経済が回る。

一方、貨幣は未来のために取っておくこともできる。今ほしいものがなくても、貯金しておいて、将来ほしいものが出てきた時に使えばいい。貨幣は腐らないのだから。しかし、長い目で見て相場が変動するのは困りものだ。また、自分自身の暮らしの状態も、常に安定しているとは限らない。つまり、貨幣の交換価値も自分の必要も、将来どうなるか、その保証はない。となるとヒトは、すぐに何かと交換するのではなく、もっともっともうけて貯め込んでおこうとする。こうなると、貨幣はどこかに蓄積される一方で、あまり社会をめぐらなくなる。

こんなことを私が考えているのは、どんなものとも交換可能な貨幣という究極の抽象的価値に対し、ヒトの脳がどのように反応するのか、不安に思っているからだ。人類進化史の六〇〇万年、ホモ・サピエンスの進化史二〇万年のほとんどにわたって、貨幣は存在しなかった。貝殻などを使って、ほしいものと交換したり、ある価値の象徴と見なしたりするようになったのは、どう古くても一万年前以降だろう。紙幣の登場は中世で、世界初の証券取引所は一七世紀なのである。

このような抽象的な価値をめぐる欲望、感情、認知がどのように働くのか。二本足で立って歩くのとは大違いの、大変に不慣れな危ない橋を渡っているに違いないと思うのである。

70　貨幣と人間の本性　その2

IX―69に引き続き、貨幣の不思議についてである。貨幣が不思議であることの一つは、何とでも交換できる抽象的な価値であることだ。また、時間的にかなり長く取っておける。家畜や穀物なども取っておくことができるが、腐ったり死んだりするので「賞味期限」がある。貨幣はもっと長持ちする。

しかし、思い出すのは、一九八〇年代にアフリカのタンザニアで暮らしていた頃のことだ。現地の紙幣を後生大事に缶にしまっておいたアフリカ人が、ある日、缶の蓋を開けてみたら、シロアリがお札を食い荒らして、見る影もなくなっていた！

それはさておき、こんな便利なものを手に入れたわれわれは、それをうまく管理しているのだろうか。万能の交換価値を手に入れた状態で、自分の欲望をうまく制御できるのか、という問題である。何とでも交換できるものがあるのなら、それを最適活用するには、自分の欲望をきちんと査定し、欲望が実現した時の効果を予測し、現在手に入るオプションの中から何が最適な欲望の実現であるかを決めねばならない。しかも現在だけでなく、将来の予測も含めてのことだ。経済学者はこんな合理的選択を考えるのかもしれないが、実際に行うのは不可能だ。ヒトはかなりの部分を直感に基づいて行動している。こんな複雑な状況下では、そもそも論理的な最適解など決まらないだろう。だから直感で決めるしかないのだ。それでも人々の経済活動全体を、合理的な目的に沿って誘導しようとする政策などがとられている。それが本当に有効なのか、私たちは自分たちの経済活動なるものを本当に理解しているのかどうか、私にはわからない。

そして、貨幣経済がここまで浸透してしまった社会では、お金を稼がなければ生きられない。お金を稼ぐとはどこかに就職すること、何らかの仕事をすることだ。仕事には、やりがいのある仕事から、全くやりがいのない仕事、むしろやりたいとはみじんも思わない仕事まで、いろいろある。しかし、どんな仕事をするにも時間は取られるので、やりがいのない仕事をしていると、生きている意味がわからなくなる。

貨幣経済ではない時代、人々はいろいろな仕事を共同で行い、時には誰かに何かをしてあげたり、してもらったりしていた。それらのすべてを貨幣換算して損得を考えることはなかった。人生は割合単純で、悲しいこととやつらいことはいくらもあったが、生きている意味がわからないというような問いはまれだったのではないか。貨幣によって得たものも大きいが、失ったものも大きいように思うのである。

71　Society 5.0

ヒトという動物は、その進化史の九〇パーセント以上を狩猟採集者として暮らしてきた。およそ一万年前に農業と牧畜が始まり、やがて世界中に広まった。今では、もともとの狩猟採集生活を続けている人々はいない。今やすべての人間集団が何らかの形で国民国家の体制の中に組み込まれ、狩猟採集を続けている人たちも、周囲の農耕民や牧畜民、工業化社会と関係を持ちながら暮らしている。

本来の狩猟採集生活とはどんなものだったのか。こうまで世界全体が変わってしまった今、元の姿を再現するのは不可能だ。しかし、一九八〇年代まではまだ、比較的純粋なデータを得ることができた。そこから、私たち人類の進化史で重要なことは何だったのかを考察することができる。

改めてこんなことを考えているのは、「Society 5.0」という言い方に強烈な違和感を覚えるからだ。政府の説明によると、狩猟採集社会がSociety 1.0で、農耕牧畜社会が2.0、工業化社会が3.0、情報化社会が4.0、そして、次は5.0だということらしい。政府はこの言葉を大いに推奨しているようだが、人類学者としてはこのような「進歩史観」に基づく分類は受け容れ難い。これではまるで、狩猟採集社会は遅れていて脱却するべき社会だと言っているようなものだ。これはまさに、過去に葬り去られた「社会進化論」である。

〇〇2.0、〇〇3.5などの言い回しが巷に普及するようになったのは、ソフトウェアのバージョンアップが日常生活で当たり前になって以降のことだろう。ソフトウェアは、バージョンアップすれば便利になるし、最新のものを使っていない人は競争に負けてしまう。この考えをそのまま社会の変化に応用して言っているのが、Society 5.0だろう。しかし、社会のあり方は、ソフトウェアのバージョンアップの比喩ですむような単純なものではないのだ。日本以外の国がこの言い回しを使っているのは見たことがない。やはり、社会進化論の匂いに敏感なのだろう。

今や世界では、情報をより効率よく社会のすみずみまで使いこなすことが始まっており、その情勢に乗り遅れると競争に負け、経済発展が遅れる、という考えなのだろう。これは、社会のある一面だけを取り上げ、昔の社会のあり方全体を否定している。狩猟採集社会は「遅れた」社会で、未だにそんな生活をしている人たちは「遅れた」人たちなのか。冗談じゃない。

ソフトウェアはどんどんバージョンアップされ、古いものなどすぐに捨て去られ、忘れ去られる。しかし、社会はそんなものではないのだ。

72　社会進化論への警告

IX—71で、Society 5.0 という言い方はよくないという意見を書いた。もっとずっと早くからこういう警告を発してこなかったことを、今は後悔している。

以前、内閣府がホームページに掲載していた図は、狩猟採集社会、農耕社会、産業革命後の社会、情報化社会、そしてさらなる情報活用の社会という五段階を直線的に並べ、それらの間が等間隔に描かれていた。

私は、これは事実に反すると思ったので、そのことをいくつかの会合で指摘した。サピエンスの進化史の二九万年は狩猟採集社会であり、それ以前の何百万年もそうだった。農耕社会になったのは、最後のたった一万年前からであり、産業革命が起こったのなど今から一五〇年ほど前に過ぎないことだ。この時間の違いを無視し、等間隔で階段を登るように描かれていた図は、全く事実誤認も甚だしい。

そんな意見を繰り返し述べていたところ、いつのまにか内閣府のホームページからそのような図は消えた。その代わり今では、それらの諸段階が螺旋状にくるくると回って緩やかに上昇している絵になっている。だから、私がいろいろなところで文句を言ったことは、多少は聞かれたのだろう。

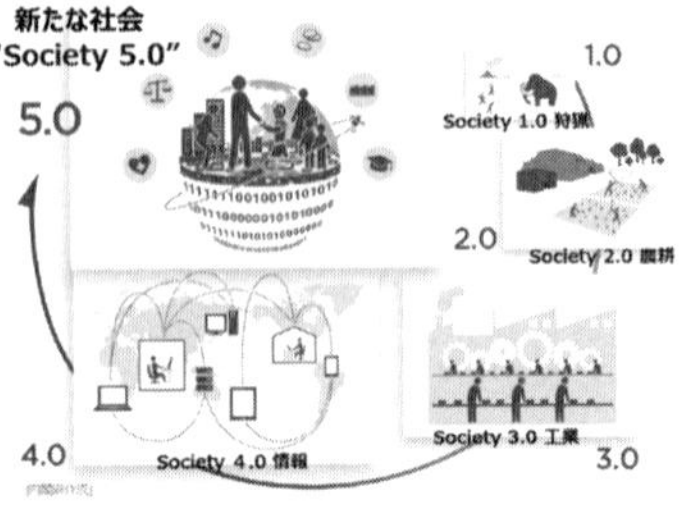

内閣府が作成したSociety5.0の図 (9)

しかし、これで私の考えが反映されたかと言うと、とんでもない。現在の図でも、螺旋状に描かれた段階が徐々に上へと昇っているのであり、これを描いた人が潜在的に、現在の社会のほうが過去の生業形態の社会よりも上にあると考えていることを示している。

　狩猟採集民は「劣った」人たちで、産業革命を起こした西欧人は「優れた」人たちなのだと考え、社会はいずれ必然的に西欧男性社会が作った「優れた」社会になるだろうという考えが社会進化論である。そんな単純な話ではないのだ。しかも、この社会進化論では、西欧社会の中でさえ、女性は劣った人々だと考えられていた。文化人類学、社会人類学は、こういった「社会進化論」的考えは間違いなのだと、もう何十年も言い続けてきた。

　この社会進化論から見ると、日本のようなアジアの社会は、やはり「劣った」社会なのである。日本人はそれにもかかわらず、この西欧の社会進化論的考えを自らも採用するのだろうか。一九六〇年代から、「西欧に追いつけ、追い越せ」というスローガンが流行っていた。これも社会進化論の標榜だったのだろうか。

　技術の進展により、社会の変化が起こるのは事実だ。そのことだけに惑わされることなく、その正と負の影響をしっかり見極めるべきである。

X　ウィズ・コロナの世界で

73　ヒトの思考の非論理性

新型コロナウイルスの感染拡大が止まらない。世界保健機構（WHO）がパンデミックだと宣言したのは、遅きに失した感もあるが、人々の無用な動揺を恐れてのことだという理由づけには、納得もいく。

四枚カード問題をご存じだろうか。ウェイソンの選択課題とも呼ばれている。一般の人々がどれほど「論理的」な推論を理解しているかを測る課題である。

ここに四枚のカードがあり、それらの表と裏の両面に何か書いてある。表にはアルファベットの文字が、裏には数字が書いてあるとしよう。それらがばらばらに四枚並べられており、A、K、4、7が見えるとしよう。ここで、「アルファベットの文字が母音なら、その裏の数字は偶数でなければならない」という規則があったとする。この規則が守られているかどうかを確かめるには、最低限、どのカードをひっくり返して見る必要があるか。

これが四枚カード問題だ。「母音の裏は偶数でなければならない」のだから、Aのカードをひっくり返して、本当に偶数になっているかを確かめねばならない。これは当然。さて、あとはどうだろう？　Kは子音なので、裏は何でもよいのだから、その情報を知る必要はない。4のカードはど

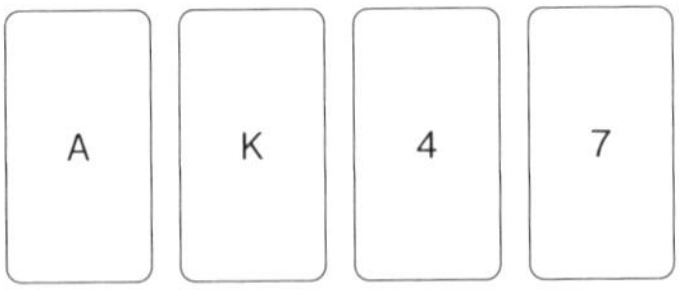

抽象的な４枚カード問題

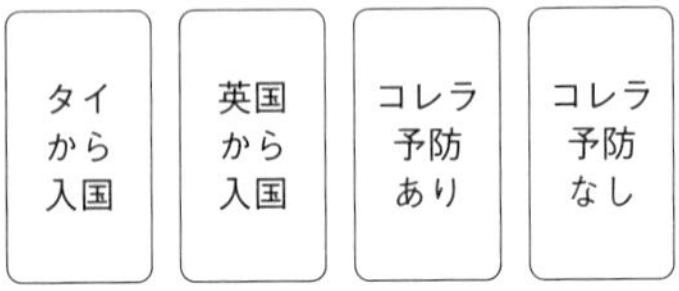

感染症をめぐる具体的な４枚カード問題

うか。実はこれは必要ない。母音の裏は偶数だが、子音の裏は偶数も奇数もある。だから、偶数の裏は母音でも子音でもよいのだ。しかし、7の裏は確かめねばならない。なぜなら、母音の裏は偶数なので、奇数の裏に母音があってはならないからだ。実験によると、多くの人はAと4のカードをめくりたがる。が、これは論理的には間違いだ。

　この四枚カード問題では、問題の性質を変えて多くの実験がなされてきた。その中に、「タイでコレラが発生したので、タイからの入国者はコレラ予防をしているかどうかを調べなくてはならない」という問題があった。「タイから入国」「英国から入国」「コレラ予防をしている」「コレラ予防していない」という四枚のカードがある。さて、先の規則が守られているかどうかを確かめるには、どのカードをめくるべきか。

　正解はもちろん、「タイから入国」と「コレラ予防していない」をめくってみるのだが、この問題では、多くの人が全部のカードをめくったり、タイではないアフリカの国々の名前があると、それをめくるなど、熱帯と思われる国からの入国者を確かめようとしたりした。

　もともとヒトは、抽象的論理があまり得意ではなさそうなのだが、感染の恐れに対しては、ますます非論理性が増すらしい。パニックにならないように、冷静に判断して行動しよう。

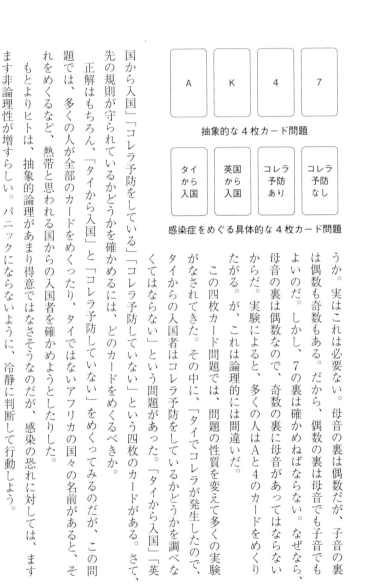

74 感染予防と論理的思考

X―73で、四枚カード問題について説明した。「母音の裏は偶数である」などといった抽象的な論理問題では、人々の正答率は低い。実験集団によっては、一人も正解した人がいなかったところさえあるくらいだ。このことは一九六〇年代から知られており、これをもって人間は抽象的な論理問題を理解するのが下手なのだと言われてきた。それはその通りなのだろう。ヒトの脳は、論理哲学をすることで進化したのではないのだから。

一方、問題設定を抽象的なものから具体的なものに変えると、正答率が上がる場合がある。たとえば、「バーでお酒を飲むには、二〇歳以上でなければならない」といった問題だ。飲み物の種類とその人の年齢をカードの表裏に書く。「ビール」「コーラ」「二五歳」「一八歳」とあると、この法律が守られているかを確かめるには、どのカードをめくるべきか。もちろん、ビールを飲んでいるのが何歳であるかと、一八歳が何を飲んでいるかだ。このような問題の正答率はかなり高い。このことも昔からよく知られていた。そして、これは、日常的によく出会う状況に基づいた課題だから、その論理がわかりやすいのだ、と説明されてきた。

そうではないだろうと、新しい仮説を出したのが、進化心理学者のジョン・トゥービーとレダ・

コスミデスである。一九九六年のことだった。彼らは、ヒトの脳は「規則を破るのは誰か」という課題に対して敏感に適応的に反応しているのであり、その答えがたまたま論理と合致しただけなのだと主張した。

そして、X—73の感染予防の課題である。「タイでコレラが発生したので、タイからの入国者にはコレラ予防をしているかどうかを確認する」という課題だ。この課題では、全部のカードをめくってみる人がかなり多かったし、タイ以外の東南アジアやアフリカの国からの入国者も調べようとした人もたくさんいた。それは、論理の問題としては非論理的なのだが、私は、これもやはり適応的な反応なのだと思う。感染を予防しようとすると、いろいろな事態を考えねばならない。タイで発生したのなら、タイの周辺国も調べたくなる。予防していない人がどこから来たか調べるのは必須だが、予防をしているという人がどこから来たのかだって知りたいだろう。

危機に際しては、人々はたくさんの情報がほしいのだ。情報が十分にあって、きちんと伝えられていれば、何をするべきかだけでなく、何をしなくてよいのかもわかる。そうであれば、人々はそれほど非論理的な行動は取らないはずだ。

75 文明を考え直す機会

新型コロナウイルスの感染に対する対応で、日本にも緊急事態宣言が発せられた。ほとんどの会合は中止となり、さまざまな活動の自粛が求められた。

私たち人類は社会的動物である。お互いにアイデアを交換し、協力して働きながら、この文明を築いてきた。だから、人が集まらないことには、活動ができない。そうすることによって経済が回ってきた。

学校が休校になり、多くの公園も閉鎖。子どもは外で元気に遊ばなくてはいけないのに、子どもたちにとっても親にとっても、本当にストレスフルだったことだろう。コロナウイルスは、幼い子どもたちの重症例はそれほど多くなく、子どもが主な感染拡大源でもない。注意するに越したことはないが、子どもの健全な生活のために、自治体などもいろいろな工夫をしてほしい。

大人たちはと言えば、多くの人々が在宅勤務を強いられた。職場まで通勤してみんなで一カ所に集まって仕事をする必要はない、在宅で自由にやろう、という考えは、ずっと以前から表明されていた。みんながネットでつながって、それを自由に駆使して仕事をする。そんな未来社会が夢たっぷりに語られていた。

さて、今回、強制的にそのような事態になったわけだが、在宅のテレワークは、うれしい働き方だろうか。運動不足がひどく、あの通勤という活動がいかに大事な運動だったかが認識されているのではないか。テレビ会議システムは、もともと社会関係ができていた人たちの間であれば、物事を決める役には立つ。しかし、初対面の人たちと関係の輪を広げていくには適していない。そして、軽く雑談というのもなかなか難しい。つまり、人と人のつき合いの中に意外性が見出しにくいのだ。

そして、みんなで一緒に食べるという機会が奪われた。懇親会もなければ飲み会もできない。おかげで外食産業は惨憺たるものだった。Ⅳ—18・Ⅶ—42で、ヒトという動物は、みんなで一緒に食事をするのが喜びの動物なのだと書いた。オンライン飲み会というのが流行ったと聞いたが、みんなで食事をともにしたいという欲求は相当に強い。

新型コロナの感染がおさまっても、また新たなウイルスは出現してくる。この戦いに本当の終わりはない。その間には、テレワークその他の働き方に対する知恵も出てくるだろう。そして、何よりもこの文明のあり方について考え、どんな未来を作りたいと思うか、みんなで考え直す機会になればと思う。

76　欲望と可能性の都市文明

引き続きコロナ禍の毎日である。世の中はこのウイルスへの対策で激変した。今回のウイルスは、咳などによる飛沫感染である。そこで、感染拡大を防止するには、大量の人が移動する、集まる、ということを避ける必要がある。そうすると、デパートで買い物することも、レストランで食事することもままならなくなり、経済は大打撃となった。

都市文明というものは、大勢の人が集まって一緒に活動し、アイデアを交換し、さまざまな価値を生み出すことで発展してきた。そこは過激な競争の場所であり、欲望を全開にする場所であり、一攫千金が実現する場所でもある。それが都市の魅力であり、発展性の基礎であった。だから、多くの人間が集まって一緒に活動することを阻害されたら、都市文明は成り立たない。

こんな都市文明は、およそ一万年前、人類が農耕と牧畜という新しい生業形態を発明したところから始まった。定住して余剰の食糧を蓄積することができるようになり、人類の生活様式が激変した。それまでの人類史の九〇パーセント以上を占めていたのは、狩猟採集生活である。これは、自然に存在する食物を何とか手に入れることで、日々をまかなっていく生活だ。貯蔵はできないし、それほど多くの人間が一緒に住むことはできない。獲物が少なくなれば移動するので、「家」というものはない、放浪生活である。

人類が進化したのは、このような狩猟採集生活においてであった。こんな生活様式をいまだに続けている集団が、この地球上には少数ではあるが存在する。南アフリカのサン、東アフリカのハッザ、アラスカのエスキモー、アマゾンのヤノマミなどの人々だ。もちろん、彼らも純粋な狩猟採集生活を維持しているわけではないが。

彼らは、定住生活をして文明を築いた集団からは、「野蛮」と言われ、文明に順応できない連中だと蔑まれてきた。なぜなら、彼らは「一生懸命働かない」から。彼らは、たしかに「一生懸命働かない」。狩猟採集民は、自然が与えてくれるものを受け入れる生活をしてきたので、「努力して発展する」という価値観を持っていない。所詮、自然には勝てないのだから。

そういう考えを捨て、努力して一生懸命働いて自然を改変し、欲望全開のもとに発展してきたのが都市文明なのだ。人間にはありとあらゆる可能性がある、という希望的観測のもと、野放図に「発展」を信じて突き進んできたのが、この文明の歴史ではないか。コロナ禍はそこを見直す機会だ。

77　これまでとは違う生活へ

緊急事態宣言が解除された。まだ安心はできないが、ひとまず収束に向かっているのはよいニュース。新型コロナウイルスの流行拡大後、二カ月ほどで私たちの生活は激変した。在宅勤務が増え、ウェブ上の会議が、実際に集まって行う会議に取って代わった。職種によっては廃業に追い込まれたり、収入が大幅に減少したり。学校は休校になり、保育所も使えない事態で、子育て環境も激変。

X—76で、これは私たちの文明のあり方を再考する機会だと述べた。これで新型コロナウイルスの脅威がなくなっても、以前の生活には戻らないだろう。当初、私は、これが終わればまた元の木阿弥になるだろうと考えていた。しかし、今は、そうではないと思う。ほとんど全世界の人々が同じ苦労を経験し、「私たちの文明生活って何だったのだろう?」という同じ疑問を、他人事ではなく自分の問題として共有したからだ。

私自身、結婚して以来、昼間からこれほど長く家にいたのは初めてだ。朝早くから仕事に行って、夜帰り、その後も仕事を続けるという毎日だった。当然ながら、家事はミニマムにしかしない。ところが、ほとんど毎日在宅勤務になると、否応なく床のゴミや台所の汚れが目に入る。すると掃除をしようということになり、「家事」というものを改めて見直すことになる。平日の昼間に家にいると、近所の子どもたちの声が聞こえる。それもまたよい。

私たちはこれまで、職場に行って仕事をするということに、あまりにも重点を置き過ぎていたのではないか。打ち込める仕事があるのは楽しいので、ついつい無制限になってしまう。ところが、一日が二四時間で一年が三六五日であることに変わりはない。当然ながら、何か他の活動が犠牲になっている。しかし、それにも気づかずに毎日を送ってきたのではないか。

その意味で人々の関心が薄まっていたのが、政治ではないかと思う。自分が暮らす自治体の政治も国の政治も、毎日の仕事の忙しさにまぎれて十分に注意を払ってこなかったのではないか。それがここに来て、人々の時間の使い方が変わるとともに政治への関心が復活しているように思う。私が家事に関心を持つようになったのと同じに。

満員電車での通勤も、比較的短い距離でも飛行機に乗って行くことも、たくさん服を買うことも、本当に必要だったのか。もっと生活をスローダウンし、地球環境問題や、世界の貧困の格差や、地元の政治など、これまで気づいてはいながら後回しにしていた大事なことを考える時間を持てるのではないか。全世界の人々がそのように再考するとしたら、この文明の先行きが変わるだろう。

78 「自粛」とは何か

今回の新型コロナウイルスのパンデミックでは、各国の状況や人々の態度にさまざまな違いが見られた。それは、その文化の人々が、個人と社会をどう考えているかを表していると思う。

ヨーロッパの国々の中には、政府から罰則つきの外出制限が発せられたところもあり、通りを警官が見回る姿などが報じられた。一方の日本では、外出は「自粛」のお願いに留まり、守らなくても特に罰則はない。

にもかかわらず、日本では、「公園で遊んでいる人がいる」「開けている店がある」などという告げ口が、警察に多数寄せられたそうだ。そういう行為を指す、「自粛警察」という言葉もできた。これはまさに告げ口である。公園で遊んでいる人が気に入らなかったら、自分で相手にそう言えばよい。そうはせずに陰に隠れて告げ口し、警察という公的権力が何かしてくれることを望んでいる。しかし、日本政府が出しているメッセージは「自粛」であり、強制力はない。一人一人の判断に任されているのだから、告げ口された警察だって取り締まりなんかできない。

欧米では、個人は基本的に勝手に行動してよいものだ、という価値観なので、自粛などという曖昧な要請では人は行動を変えない。だから、個人の行動を変えさせようとすれば、どのように、何のために制限するのか、政府は明確に打ち出さざるをえない。日本人は、基本的に個人は勝手に行動してよいとは思っていないのだ。周囲の目を気にして、周囲と足並みを合わせなければいけないと思っている。それが無意識の大前提である。

「自粛」と言われてどうするか。自分で考えて決めるのではなく、まず周りの人々がどうしているのかを窺う。出発点の自分はと言うと、誰も目立ちたくないので、誰もが「自粛」を強める方向に行動する。そうすると、公園で遊ぶ人はほとんどいない。それを見て、「他の人々は公園では遊ばないのだ」とみんなが思う。そして、ますます誰も公園で遊ばなくなる。その中で、公園で遊んでいる人を見ると、その状況が感染拡大とどう関連するのかは考えず、「公園で遊ぶ」こと自体がみんなの規範からの逸脱だと感じる。しかし、自分で直接注意して騒動になるのは嫌だから、警察に告げ口する、という流れだろう。

ここには、事態を的確に冷静に検討することも、自分で考えて判断するということも、決断には責任を取るということも、何も含まれていない。これでは、近代市民社会ではなく、昔ながらのムラ社会であり、ファシズムの温床でもある。何が悪いのか、真剣に議論して直すべきである。

79 もうそれほど服は買わない

コロナの影響で、働き方も暮らし方も大いに変わった。それは、誰もが切実に感じていることだろう。一時は、やがて「ポスト・コロナ」の時代が来ると思われていたが、最近ではそのような希望はついえた。今では、「ウィズ・コロナ」という言葉が「ポスト・コロナ」に取って代わっている。

コロナウイルスは、所詮はインフルエンザのウイルスと同類なので、今回のパンデミックは、毎年違ったタイプのインフルエンザがやってくるのと同じ状況だ。にもかかわらず、新型コロナに関しては、従来のインフルエンザとは異なる警戒感があった。有効な治療薬やワクチンができ、そうして、ある程度の制御の目処が立てば、私たちの生活は、また元に戻るのだろうか。しかし、今度のウイルスを制御できたとしても、それで終わりではない。

ウイルスは、私たちがいろいろな手立てを考え出すよりも早く進化する。それは、彼らの生活史サイクルが、私たちよりもずっと速いからだ。つまり、人類がウイルスに勝つことはありえない。だから、今回のコロナ禍から学ばねばならないのは、なぜこんな事態を招いたのか、その根本的な原因について考えることである。なぜ、もともとコウモリなどに巣食っていたウイルスがヒトに感染するようになったのか。それは、ヒトが自然を破壊し、都市化を遂げていく過程で、野生動物との不自然な接触の機会を増やしたからである。

昨今の異常な暑さも、地球の気候変動の結果である。それに対して、熱中症にならないように気をつけましょう、とは言われるが、そもそもなぜこんな異常気象になるのかが問題なのだ。それは、自然環境を破壊し、都市化を進め、エネルギーを使い続けてきた、この文明のあり方である。ところが、それを指摘する論調は非常に少ない。

今、経済を回していかねば食べていけない。それは理解できる。今すぐ、それを大々的に変えることはできないだろう。しかし、早晩、こんな経済成長志向を続けていくことが不可能になるのは、明らかなのだ。そうすることの悪い面は、今、目の前にあって明らかなのである。

コロナで暮らし方が変わり、みなそれぞれ、これまでの生活を見直しているのではないだろうか。私自身は、全く新しい服を買わなくなった。こんなに買う必要などなかった。広告宣伝に踊らされていたのだ。こんな気づきをみんなが持てれば、世界は変われるに違いない。

80　ウェブ上でできること、できないこと

このところ、会議もセミナーもシンポジウムも、ウェブ上で行うものばかりである。新型コロナウイルス感染症の拡大で、大勢が顔を合わせて行うものはすべてキャンセル。代わりに、ほとんどすべてがウェブ上での会議となった。咳などに由来する飛沫が感染源となるウイルスなのだから、大勢が集まってしゃべったり飲み食いしたりすることはよくない。こうなると、多くの活動が停止するが、インターネットの発達があったおかげで、多くの活動はそれなりに継続できている。それは素晴らしいことだ。

さて、このウェブ上での会議やセミナーは、実際の対面のものと比較して、どれほど代替機能を果たしているのだろうか。ほぼ一年間、会社でも大学でもいろいろと使ってみて、人々は学んだ。ウェブでは何ができて何ができないのか、今や世界中の人々が、その総括をしているところだろう。

やってみたら、結構使える。これで十分役に立つのだったら、わざわざ遠くまで出かけていくことはなかったのではないか。みんなで集まって話をするという習慣も、大昔に伝令という人間が走って情報を伝えるしかなかった事態と同様、技術の進歩によって取って代わられ、消えてゆく運命にあるのだろうか。

しかし、一概にそうとは言えない。ウェブ上の画面でお互いの顔は見える。意見を言うこともできる。画面の共有によって資料を参照することもできる。それでも何か違うという感じは否めない。やはり、参加者全員で本当に「場」を共有してはいないのだ。そのことの意味は大きい。それぞれが自宅や自分のオフィスにいる。顔は見えていても、同じ場所にいるわけではない。ちょっと雑談することもできず、本当に表情を見ることもできない。

私の経験では、よく知り合った仲間どうしの間で、決めるべきことがはっきりしているような会合は、ウェブ上でつなげれば十分に機能する。しかし、知っている仲の人たちであっても、微妙に利害関係がからむ話題や、落としどころが明確ではない問題については、ウェブ上で合意形成することは大変に難しい。

ましてや、初対面の人たちとの会合で、本当に連帯感を形成したり、深い絆を築いたりすることは困難だ。そして、そういうことをしていかなければ、社会的な関係は広がらないし、発展的な意見のやりとりもできない。

コロナ禍を生き延びるためには、大勢が集まることは避けるべきだ。が、それでは人間社会は立ち行かない。技術の発展は大いに貢献しているが、損失は大きい。

81　この文明のあり方の再考

二〇二一年が明けた。今年は昨年よりも過ごしやすい環境になればと望んでいたが、新型コロナウイルスの感染は依然として拡大の一途で、またもや緊急事態宣言となった。しかし、二〇二〇年四月に緊急事態宣言が初めて発出された時に比べて、世の中はだれているように見える。もっとも、感染者数はうなぎ登りに増えていたにもかかわらず、「Ｇｏ ｔｏ トラベル」や「Ｇｏ ｔｏ イート」政策を、政府を挙げて推進していたのだから、メッセージは明確ではない。ともあれ、このように人々の行動が制限されることや、営業に影響が出て経済が停滞するということは、非常に困ったことである。

しかし、もっと広い視野と長い時間で考えてみよう。現在のように多数の人々が都市に密集して暮らし、そこでさまざまな経済活動が行われ、それによって貨幣経済が回る、という社会のあり方は、人類史全体から見れば、ほんの一〇〇年ちょっとのことなのだ。人間は、ずっと昔からこのような生活をしていたわけではない。この、いわば「新規で異常な」生活状態が、人類の「普通」だと考えてはいけないのだ。人類学者にとってはこの考えは当然なのだが、世間一般にはなかなかそうは思ってもらえない。今の日本で生きている人々はみな、以前からこんな社会に生きていたのだから、それはしかたのないことだろう。それでも、自分の祖父母の時代を振り返るだけでも、こんなことではなかったことはわかる。そして、日本や先進国ばかりを見ていてはだめだ。世界の多くの場所では、まだまだ、昔ながらの生活が営まれているのである。

およそ一万年前に農耕と牧畜が始まり、定住生活が始まってから、人間の生活は一変した。人々が狩猟採集生活を営み、定住せずに、食物その他の状態に応じて移動していた頃、感染症はそれほどなかった。そして、いったん感染症の脅威が認識されると、人々は場所を移動して分散することで、その脅威を逃れてきた。

定住生活とその後の産業の発展は、ある意味で人々の暮らしを安定化し、幸せをもたらしてきたが、そこには当然ながらコストも存在する。感染症の多発と蔓延は、その一つに過ぎない。それらの悪い面に目をつぶって、あたかもこれしか進む道はないかのように進んできたのが、これまではなかったのか。

新しい年を迎えてもコロナ禍は収束する気配を見せない。これを単に一過性の困難と見ず、これまでの文明のあり方を本当に再考する機会にしたいと思う。

82　リスク回避だけの社会

先日、久しぶりに地元の葉山で花火大会があった。コロナ禍でもう二年間、花火大会は開催されなかった。またもやコロナの感染拡大が激しいこの頃なのであるが、あえて開催されたのは本当に嬉しい限りである。花火は素晴らしかったし、それを見る一瞬があることで、心がとても癒された。リスクだけを考えていれば、何もしないのが最善であろう。しかし、物事には、リスクもあればベネフィットもある。昨今の日本は、リスク回避に重点が置かれ過ぎている結果、ベネフィットのことは忘れているように思えるのだ。この先の感染拡大に対して何をするのか、いろいろと考慮せねばならないことはたくさんあるだろう。しかし、日本では政府が法律で強制的に人々の行動を制限することはできないので、所詮は「お願い」となる。それを聞くか聞かないかは個人の選択だ。しかし、日本には「個人」がないので、これにどう対処するかは、同調圧力に頼ることになる。

同調圧力とは何か。それは、個人が自分の判断によって行動を決めるのではなく、周囲の人々がどう行動するのかに応じて自らの行動をそれに合わせねばならない、と思う心情だ。おそらく各人はそれぞれに自分の判断を持っている。しかし、それを素直に表出することはできず、まずは周囲の行動を見る。ここで、もしも自分は勝手にやるという意思表示をして、そう行動する人々が一定数いれば、同調圧力はそちらのほうに動くのだろう。しかし、そうではなくて、自分は勝手にやるという判断を表示したくないとなると、まずは何もしないで周囲を見ることになる。そういう人がある程度の割合でいると、それを見ている人たちは、「そうか、何もしないのが一般的なのか」と思って何もしない。その結果、誰もそれを欲してはいないのに、自分の判断で好きなようには行動しない、というほうに傾いていく。

感染したらいけない、クラスターが出たらいけないなど、リスクだけを考えれば悪いことはたくさんある。しかし、人々が集まり、花火やショーなどを見て心が癒されたり、新しい気運が出てきたりするのであれば、それは大きなベネフィットだろう。しかし、それは考慮せずにリスクだけを考えて行動するのだとすれば、それでは何もしないのが最適となってしまう。

こんな心情の文化からは、イノベーションも新しい発想も発明も冒険も何も出てこられず、ただ縮小する以外にないのではないか。花火を見ながらの感想である。

XI　遠くへ行きたい

83　遠くへ行きたい

　どこか遠くへ行きたい、見知らぬ土地に行ってみたいという欲求は、誰にでもあるものなのだろうか。そういう気持ちが強い人は必ずいる。私もその一人だ。私は、生物学科の中にある自然人類学の研究室に進学し、野生の霊長類の研究を行った。初めは、千葉県の山中に生息する野生ニホンザルの研究。次いで、アフリカのタンザニアに生息する野生チンパンジーの研究を行った。自然人類学は、ヒトという動物の起源や進化について研究するので、野生霊長類の行動と生態の研究が、一つの分野として確立している。しかし、私がアフリカに行ってチンパンジーの研究をしたそもそもの動機は、人類学にあったわけではない。私は、前人未到の地に行ってみたかったのだ。もちろん、もはや前人未到の地などはないのだが、まだ見たことのない遠くの土地に対する憧れでアフリカに行った。

　最初にアフリカに行ったのは一九七九年の夏。これが私の初めての海外旅行である。以後、ヨーロッパも北米も、マダガスカルもインドも中東も、中国も、ずいぶんといろいろなところを旅した。快適なところもそうでないところもあるが、来なければよかったと思った場所は一つもない。すべての土地に、わくわくする何かがあり、新しい発見の楽しさがあった。

以前は、人間が作っている異なる文化やその歴史に対する興味が強かったが、最近は、自然そのものに対する興味のほうが強い。それで、エクアドルのガラパゴス諸島や、北極圏にも行った。

私が英国のケンブリッジ大学で知り合った友人の一人は、ガラパゴスのイグアナの研究で学位を取得した後、国連の環境組織やＷＷＦで働いていた。彼は、一年のほとんどを世界のどこかの僻地で過ごしていた。その彼に教わったのが、ブルース・チャットウィンという小説家、旅行家である。チャットウィンの書いた『In Patagonia』という、旅行記というか、何とも魅力的な書物を紹介され、すぐに熟読した。邦訳は『パタゴニア』というタイトルで河出文庫に収められている。

チャットウィンは、明らかに世界を旅する放浪の人で、放浪は彼の生涯のテーマだった。パタゴニアは、南米の最南端地域で、私はかねてから行きたいと思っている。

ホモ・サピエンスは、およそ三〇万年前にアフリカで進化したが、およそ七万年前にアフリカを出て全世界に拡散した。生息環境が飽和したなどの、拡散せねばならない理由はなかった。だから、まだ見ぬ土地に行きたいという欲求は、私たちサピエンスの脳の中に根づいているのだと、私は思っている。

84　四〇年前のアフリカでの生活

私と夫とは、二八歳から三〇歳までの二年間、アフリカのタンザニア共和国で働いた。東京大学の博士課程を休学し、ともに国際協力事業団（ＪＩＣＡ、現・国際協力機構）の派遣専門家として、野生チンパンジーのための、歩いてめぐる国立公園設計に携わったのである。

アフリカの国立公園のほとんどは、自動車に乗って車内から動物を見る。しかし、私たちが働いていたタンガニーカ湖のほとりの場所は、山あり谷ありで自動車のための道路は作れない。チンパンジーは地上も歩くが、本来は樹上性なので、木から木へとスイスイ移動していく。そんな彼らを見るには、歩いて追いかけるのが一番だ。そういう国立公園を設計するには、野生のチンパンジーの行動と生態を知らねばならない。そのための研究が、のちの私の博士論文となった。

当時のタンザニアは社会主義国で、常習的な物資不足。役所は傲慢で、サービス精神は皆無。タンザニア航空の飛行機も、飛ぶのか飛ばないのか、最後の瞬間までわからない。飛ばないとなっても、何の補償も挨拶もない。

タンガニーカ湖畔のキャンプ地はと言えば、電気なし、ガスなし、水道なし。最寄りの町であるキゴマから一六〇キロ南に位置し、そこまでは湖を船外機つきのボートで行く。リエンバ号という公共貨客船もあるのだが、運行状況が信用できないので、予定通りに仕事しようとすれば、自前のボートを持たざるをえない。

人類の進化を研究する自然人類学の大学院生が、人類に一番近縁な現生生物であるチンパンジーを野生状態で研究するというのは、別に不思議はない。しかし、JICAの専門家としての仕事のためには、現地の人たちを三〇人ほど雇わねばならず、その労務管理もしなければならない。二八歳の日本人大学院生にとっては、人を雇うということすら初めての経験なのに、全く文化が違う、大半は自分よりも年上の人たちを雇って働いてもらうのだから、これは大変なことだった。

タンザニアで夫と野生チンパンジーと
（撮影：マイケル・スタンレー）

こういう話をすると、今の若い人たちは「信じられない」と言う。「電気なし、ガスなし、水道なしでどうやって生きていけるのですか?!」。でも世界にはそんな人々は、まだ何億人もいる。次に出てくるのは、「よく親御さんが許しましたね」。でも、私たちの親は、私たちがそうしたいと思ってタンザニアに行くのなら、それはしかたないことだと思っていた。もう子どもじゃないし。

時代はすっかり変わってしまった。リスクのとらえ方も変わった。しかし、あのリスクを冒して私たちが得たものは、その後の人生でかけがえのない貴重なものとなったのである。

85　女性の博物学者たち

現代の進化生物学の基礎を築いたのは、英国のチャールズ・ダーウィンである。一八〇八年生まれ、一八八二年没。私は、一九八七年から一年以上、英国のケンブリッジ大学で過ごしたが、その時に所属したのがダーウィン・カレッジだった。このカレッジの建物は、ダーウィンの次男のジョージの家と、その隣の家とをつないで作ったものである。そんな建物に住んだことがきっかけとなり、ダーウィン自身についても調べるようになった。

ダーウィンは、一八三一年から三六年までの五年間、軍艦ビーグル号に乗って世界一周の旅をした。その時の経験が、のちに進化理論を形成する鍵になったのは有名だ。

一九世紀にはまだ、現在のような「生物学」はなかった。物理学と天文学は古代から発達してきたが、それ以外の学問は発展途上で、生物に関する知識は「博物学」という範疇にくくられていた。生物界は実に多様で複雑である。生物に関して研究を進めるには、まずはその多様で複雑なあり方を忠実に、正確に記述せねばならない。そして、地球の生物の全貌を知ろうと思えば、世界中を旅せねばならない。西欧という比較的北方の狭い温帯地域だけを見ていても、生物界の全貌はわからない。だから、世界一周をして熱帯雨林も海洋の島々も見ることのできたビーグル号の航海が、ダーウィンにとって決定的に重要だったのだ。

そんな旅をして、異国の生物を観察し、その克明な記録を残した人々は、ダーウィン以前にもいたし、ダーウィン以後にもいる。ダーウィンについて調べていると、そのような人々についても多くを知るようになった。

そこで興味深いと思ったのは、女性の博物学者、画家の存在である。アイダ・プファイファーという女性は一七九七年生まれ、一八五八年没。彼女は、息子たちが独立した後、四五歳から世界旅行を始め、四九歳から世界一周を果たした。五九歳か六一歳にはマダガスカルを旅行し、そこで病を得て亡くなった。ダーウィンも、彼女の博物学的記述をよく引用している。マリアンヌ・ノースという女性は、父の死後の三五歳から世界旅行を始め、四五歳からは世界一周旅行をして日本にも立ち寄った。たくさんの植物の絵を描き、ダーウィンとも交流があった。

世界を探検して博物学に貢献した男性はたくさんいるが、ダーウィンも含めて、みな若い時である。ところが、女性の博物学者たちは、みな中年を過ぎてから活躍しているのだ。この違いは何なのか、興味深い。

86　女性探検家たち

XI—85で、ダーウィンが進化の理論を考えつくにあたって、世界一周旅行に出たことの持つ意味について書いた。その中で、アイダ・プファイファーとマリアンヌ・ノースという女性のことに少し触れた。しかし、あの時代の女性旅行家は、もっとたくさんいたのである。

たとえば、イザベラ・バードは一八三一年英国生まれ、一九〇四年に亡くなった。中流家庭に生まれ、小さい頃から背中の痛みなどに悩まされ、病弱だった。四一歳の時、転地療法のつもりでオーストラリアに旅立ったが、これが彼女にとっての画期的な転機となった。過酷な船旅の途中で、かえって指導力を発揮し、旅で自立する喜びを味わった。その後、日本を含むアジアを広く旅し、チベットにも行った。馬やラバに乗ってロッキー山脈を踏破した。五〇歳近くになって、自分をよく理解してくれるジョン・ビショップと結婚したが、わずか五年で夫は死亡。その後も彼女は一人で世界旅行を続けた。

メイ・フレンチ・シェルドンは一八四八年アメリカ生まれ。実業家のイーライ・レモン・シェルドンと結婚するが、子どもには恵まれず、詩や小説を書いたり、出版社を経営したりした。その彼女が、四三歳の頃に東アフリカへと旅に出る。旅の目的は、アフリカの部族、特にマサイ族の文化と風習を記録することだったが、彼女の本当の目的は、女性でも男性と同じように探検をして何かを成し遂げることができる、いや、もっとよくできる、ということを証明することだった。

イザベラもメイ・フレンチも、声高な女権拡張論者だったわけではない。女性も男性と同じように何でもできるとは信じていたが、服装などに関しては頑なにビクトリア朝の様式を守っていた。ズボンをはくのははしたないことだと思っていて、残された写真を見ると、コルセットをつけ、クリノリンで後ろをふくらませたスカートを着ながら、馬に乗ったりボートを漕いだりしている。そして二人とも、いざという時のために正装のドレスと宝石も持ってきていた。

女性の探検家たちは、なぜ中年以降になって旅を始めるのか。それは当時、女性がある程度のお金を持って自由に振る舞うには、中年以降にならざるをえなかったからなのだ。子どもが独立するのも、父や夫が亡くなるのも、一つの契機だ。そんな彼女らが、西欧とは全く異なる世界があることを知り、本を書いてそれを世に伝えた。政治的な運動ではなく、女性の強さを、身をもって示した彼女たちは、すごいと思うのである。

87　沖縄の自然

久しぶりに夏の休暇で沖縄を旅した。今回は、レンタカーで本島の北のほうの森林を訪ねた。「やんばるの森」である。たしかに深い原生林が続き、ヤンバルクイナやヤンバルテナガコガネなどの固有種がいそうな場所だった。海岸はサンゴ礁。最北端の辺戸岬まで行った。那覇から数時間のドライブだが、通行車両はあまりなく、道路の両側の草は伸び放題。数十年前に行ったフランスの片田舎のドライブを思い出した。

ヤンバルクイナが見たかったのだが、野生のものに出会うことはできなかった。その代わり、飼育施設に行って「クー太くん」という個体を見ることができた。沖縄の固有種の鳥として発見されたのが一九八〇年代。飛べない鳥で、一時は八〇〇羽弱まで個体数が減ったが、今では一四〇〇羽ぐらいはいるらしい。それでも、毎年数十羽が道路で車にはねられて死ぬという。あたり一帯には、ヤンバルクイナの絵が描かれた「クイナ飛び出し注意」の看板がある。幸い、私たちの運転中に出会うことはなかったが、今年ももう一六羽が犠牲になったそうだ。独り歩きを始めた頃のヒナたちだというので、悲しい。

美しい蝶にもたくさん出会った。まずはツマベニチョウである。全体は白いが、羽の先が赤い大

ツマムラサキマダラ（写真：アフロ）

きな蝶で、サンタンカの花に執着していた。次はアオタテハモドキ。ヤンバルクイナの飼育施設の庭で何羽ものオスが闘争を繰り広げていた。

そして、ツマムラサキマダラである。この蝶は、美しい青いマダラの羽である。花にとまってバタバタ羽を動かしているのを見つけたのだが、私が近づいても飛び去らない。おかしいなと思ってつかまえると、なんとクモにつかまっていたのだ！私が引き離すと、小さな白いクモが花の上に残った。このクモが何という種なのかはわからなかった。蝶のほうは、私が離してあげたものの、なかなか飛び去ることができない。もう手遅れなほどにクモにやられてしまったかと思ったが、五分後にはかなり力を回復したようだった。

私が蝶を助けたのはこれが二度目である。前回は、出張先のアメリカで、口吻が花に刺さって抜けなくなってしまったスカシバの仲間を助けたのだった。その後、大型の科学研究費が取れたので、この時の「善行」のおかげかなと思ってうれしかった。

私は今、沖縄に国立の自然史博物館を誘致しようという運動に参加している。沖縄は本当に生物多様性の宝庫だ。今回も蝶を助けたことで、この願いが叶うとよいのだが。

88 沖縄に自然史博物館を

XI―87で、沖縄に国立の自然史博物館を作ろうという運動があることを書いた。私は、その設立準備委員会のメンバーをしている。ここでも、少しその紹介をしよう。

要は新たに国立の博物館を作ろうということなのだが、「博物館」「自然史」「沖縄」という三つのキーワードがある。なぜ、この三つが合わさることが必要なのか。

博物館とは、文系にせよ自然系にせよ、資料となるものを集めて保管し、研究し、展示する場所である。自然系の博物館では、物理学、天文学、技術・工学などに関する資料を対象とするものがある。東京の上野にある国立科学博物館がそれだ。

一方、自然史というのは生物が中心である。この地球上には何百万種もの生物が存在するが、自然史とは、それらの生命とその進化史に関するすべてを指す。先に挙げた物理学や天文学の資料と関係がないわけではないが、多様な生物の標本と、それらが進化した舞台である地球の地質・鉱物に関する標本が中心となる。上野の国立科学博物館の一部はそうなのだが、日本には自然史に特化した博物館はない。

一方、英国、フランス、オランダ、アメリカなどには自然史博物館がある。その理由の一つは、これらの国々がかつて列強として世界各地に植民地を持っていたからだ。それゆえに博物館は、列強による植民地の自然の収奪の象徴でもある。欧米では、本当に科学的な興味で自然史に関する資料を集めたいという目的もあったが、同時に、植民地にある資源を最大限に利用したいという欲求もあったし、単なる興味本位のエキゾティズムもあった。今やそんなことは通用しない。

沖縄は、日本の最南端にあり、東南アジアの生態と通じるところがある。しかし、日本本土の生物層は、東南アジア系もあれば北方由来もあり、朝鮮半島由来もある。そして、長い年月の間に日本の固有種となったものもある。そんな固有種は沖縄などの南西諸島に多い。日本列島はそれほど生物多様性に富む場所なのだ。だから、沖縄に自然史博物館を作りたいのである。そこで東南アジア、東アジアをもカバーしたい。この地域で、国立の自然史博物館を維持できる国は、日本しかないのではないか。

これからは、実際の標本に加えて、遺伝子データや生息地などの生態学的データ、3Dのバーチャル標本など、これまでは考えられなかったデータも豊富にそろえねばならないし、それらのデータをつなぎ合わせて研究せねばならない。そんなことを期待している。

XII

これからの日本社会に必要なこと

89　リスクに対する感受性をみがく

二〇二一年七月三日、熱海で発生した土石流による被害は、その瞬間を記録した動画がネットに流れたこともあり、本当に驚愕した。私も、熱海からそれほど遠くない伊豆の山の中に家を持っているので、とても他人事とは思えない。被害に遭われた皆様には、心からの哀悼の意を表し、一刻も早く復旧がなされることを願う次第である。

あの地点の盛り土に関して、長らくこれは違法なのではないかという警告が発せられてきたらしい。しかし、警告は聞き入れられず、こんな事態が起きてしまった。

人間は、普通に暮らしている時、何らかの危機が迫っていると言われても、あまり本気にはしないようにできているようだ。リスクに対する感受性は、高いほうが低いよりも生存に有利だと思われるのだが、現実には高くないらしい。

会議室でみんなが議論している。そこに、どこからともなく煙がただよってくる。やがて煙はどんどん濃くなり、さらには遠くでサイレンが鳴るのが聞こえる。さて、会議室の面々はどうするだろうか。驚くべきことに、何もしないのである。これは心理学の実験であり、この様子は動画配信サイトでも見ることができる。

私は、数年前、これを実感した。私が出張で宿泊したホテルで、夜中の一一時過ぎ、火災警報が鳴ったのである。ピーポー、ピーポーという警報とともに、「火事です、火事です、避難してください」というアナウンスが流れる。私は、もう寝ていたのだが、それを二、三度聞いてから、起き上がってそっと扉を開けて廊下をのぞいてみた。

数人が、同じように廊下をのぞいている。「何でしょうね？」とか会話しているが、誰も真剣に受け止めてはいない。私は、服を着替えて、荷物はそのままに階下に降りた。一階のロビーでは、数人が集まっていた。なんでも、地下にあるショッピング・アーケードで火災があったということだが、それは消し止められた。事実上、危険はないのだが警報は鳴った、ということであった。

数十分してから、もう安心ということでみんな部屋に戻った。しかし、本当に一階に集まった人たちは、宿泊者全体の何パーセントだったのだろう？　実に心もとないと思う。

探知器の誤作動にいちいち対処することのコストは非常に大きい。だから、ヒトの脳は、たいていのことは誤作動として無視するように情報処理しているのだろう。ただし、本当に事が起こった時に何もしないことのコストはさらに大きい。その見きわめができるのかどうか、ヒトの英知が求められる。

90　日本人の科学リテラシー

二〇二一年七月二八日、新型コロナウイルスの一日あたり感染者が、東京で初めて三〇〇〇人を超えた。オリンピックが開催される中で、東京は緊急事態宣言中だが、見ている限り、人通りは少しも減っていない。私が感じているだけではなく、統計的にもそうであるらしい。

二〇二〇年の春頃から数えて、もう一年半ほどになるだろうか。最初は誰もが警戒していたものの、今ではもう、みんな嫌気が差してきてしまったように見える。緊急事態宣言と言っても、日本ではヨーロッパ諸国のような強制力はない。「みなさん、ご協力を」とお願いするしかないのである。そうならばなおさら、感染拡大が起きている原因は何なのか、何をすれば感染拡大が抑えられるのかの、科学的分析を丁寧に説明するべきではないか。

居酒屋で集まって飲んだり食べたりすることが、感染拡大にどれほど寄与しているのか。酒類提供をやめろと言う時には、そんなデータを一緒に示すべきだろう。どうして感染したのかがよくわからないケースが多いのであれば、そう公表し、だから一般的に人間どうしが接触すること自体が危険なので、そういうことを減らしてくれ、と言うべきだろう。

今回のコロナ禍で、日本という国が科学をどのように受け止めているかが、明確になったように思う。自分たちが重要な意思決定をするにあたって、科学的な知識はそれほど重要視されていないということだ。政府は、専門家の意見は聴くけれども、自分たちのもともとの判断に都合がよければ利用するが、そうでなければ無視しているようだ。

一方で国民はと言えば、こちらも科学リテラシーが高いとはとても言えない。「副反応が嫌だから」という感情的な理由で、若い人たちの多くがワクチン接種をしたがらないという。また、最初の頃の感染者の多くは六〇代以上だったが、最近は三〇代、四〇代の人たちが半分以上を占める、という「科学的情報」に対し、「若者を悪者にしている」という発言があったと新聞報道されていた。それをそのまま報道する新聞記者も、「科学的事実」と「悪者にする」という価値判断的反応との区別もつかないのだろうか。

マスクをするのは感染防止に重要だが、いつでもどこでもマスクをする必要はない。何のためにマスクをするのかが科学的に理解されていれば、誰もいない夜道を一人で歩いて帰る時にマスクをつける必要はないことはわかるだろう。しかし、今は誰もがどこでもマスクをしている。科学的理解は抜きに、同調圧力だけが跋扈している。

科学的情報をどのように使うのか、初等・中等教育からしっかり教えてほしい。

91 リーダーとは何か

人類の進化の研究から見て、現代の社会において組織のリーダーにはどのような資質が必要なのだろうか、という質問を受けることがある。人類の進化と言うからには、少なくとも私たちホモ・サピエンスの進化史の二〇万年前かもっと古くからを見た時に、リーダーとは何だったか、という問いになるだろう。しかし、この長い人類進化史のほとんどにおいて、組織のリーダーなどというものは存在しなかったのである。

人類は長い間、自然に存在する植物や動物を食べて生きてきた。いわゆる狩猟採集生活である。そこでは、家族や友人が集まって一緒に食物をとり、調理をし、子どもを育てるのだが、何しろ定住生活ではないのだ。食物が少なくなったり、人間関係がうまくいかなくなったりすれば、集団は分裂する。自分が所属する集団とそうではない集団の区別はあるが、集団の全員が一堂に会することはない。共同作業の必要や、手に入る食物の量や、人間関係の好みで離合集散する。

こんな暮らしなので、決まった組織もなければ、リーダーもいないのだ。みんなに尊敬されている人や、道具作りの名人と見なされている人はいる。もめごとが起きた時の解決で頼りにされる人もいる。しかし、いつもその人が身近にいるわけではないので、ともかくもみんなで何とかしていくしかない。

およそ一万年前に農耕と牧畜が始まり、定住生活をするようになって初めてきちんとした組織ができ、それを率いていくリーダーができた。しかも、どんな組織なのかも時代とともに変化してきた。リーダーは、生物進化の産物ではなく、人間の文化が作り上げたものだ。

それは、人類進化史の中で物理学の相対性理論を理解する能力はどのようにできたか、という問いと同じだ。人類進化史の大部分において相対性理論は存在しなかった。この物理理論は、人間がうみ出したものである。では、なぜそれは理解できるのだろう？

そこには、人類進化史で獲得されてきた、生物学的な脳の働きの基盤がある。漠然としたアナログの量の理解、因果関係の推論、カテゴリー化や抽象化の能力、記号の操作、そして好奇心などだ。これらの能力は、人類進化史でどれも重要だったため、ヒトの脳の基盤的働きとして進化してきた。それらを駆使して物理的世界を理解しようと努力してきた歴史の結果の一つが、相対性理論である。

リーダーそのものにも進化的基盤はないが、物理の理論と同様、進化で作られたヒトの性質のいくつかを組み合わせることによって、時代や組織ごとに、リーダーとなれる人が生み出されているのだろう。

92　リーダーの資質の進化

XII—91で、ヒトの進化史の長きにわたって、リーダーと呼ばれるような存在はなかったと述べた。いちいち何でもみんなで議論して決めるよりも、賢いリーダーが判断してみんなを導くほうが効率がよいに違いないという議論がある。しかし、その大前提は、大勢が一緒に働くということだ。でも、狩猟採集社会では、何も大勢で一緒に固まって動く必要はない。嫌なら出て行けばいいのだ。定住生活とそれに伴う組織の生成は、人間にかくも大きな影響を与えたのである。

いったん定住生活が始まり、社会の中に組織というものが出現した後は、たしかにリーダーが必要だ。歴史的にも何人ものリーダーが現れ、成功したり失敗したりしてきた。だからヒトは、何とかリーダーという役をこなしているのである。それには人類進化史で培われたどんな性質が関与しているのだろうか。

『沈黙の春』という警告の書を著したことで有名な、アメリカの生態学者のレイチェル・カーソンは、新しい運動を広げていくリーダーの条件として、①ビジョンを持つこと、②学ぶこと、③ネットワークを作ること、④真実を語ること、⑤愛すること、という五点を挙げたと言われている。これは大変に興味深い考察だ。⑤の愛することというのは、自分の仲間たちや周囲の環境全体に対して、それを大切に思い、みんながよくなってほしいと願うことだと思う。それは大事だ。そう思っていない人には、誰もついていかない。

②の学ぶこと、④の真実を語ることというのは、論理的、メタ的な思考ではないかと思う。何がよかったのか、悪かったのかを分析するには、全体を見る客観的で論理的な思考が必要だ。そして、事実が希望にそぐわないものであっても、それは隠さずに認識すべきである。

③のネットワークを作ることというのは、これは社会性、共感性の問題だと思う。一人だけで行動するのではなく、いろいろな考えの人たちと知り合い、助け合いの関係を築きながら、よい方向に持っていくということだ。

ここまでの諸能力は、進化の過程でヒトに備わってきたと思う。しかし、①のビジョンを持つことであるが、これは進化では出現してこなかった、ごく最近の能力なのではないかと思うのだ。人類は、およそ七万年前からアフリカを出て全世界に進出したが、みんな、ただ好奇心で出ていったのではないかと、私は疑っている。文明ができて以後、社会全体を見渡し、もっとよい状態に変えられる、変えたいと考えるようになった。それがビジョンなのではないか。

93　日本にもっと統計学を

二〇二二年五月、国土交通省が建設に関する統計を故意に操作していたことが発覚し、問題になった。その背景はさておき、一般的に日本の行政が統計にうとい人々によって担われていることを危惧する。

国は、各都道府県からデータを集めなければ全国統計ができない。そこで、都道府県側は、国の要請によって毎月、事業者から受注額などを記入した調査票のデータを集めて報告するわけだが、どうもその統計が何で、最終的にどう利用されるのか、その全貌は理解していなかったらしい。ただ言われるがままに数字を報告していたので、提出が遅れた調査票のデータを、提出された月に合算しろと言われると、それが変なことだとも考えず、書き換えていたようだ。

私は、自分の研究のためにいろいろな統計資料を利用してきた。日本は明治以来、さまざまな統計データを収集し、それを『日本帝国統計年鑑』（一九四九年より『日本統計年鑑』）として出版してきた。人口統計は基本のキだが、単に毎年の出生数だけではなく、嫡出か非嫡出かも区別し、もちろん性別も記載されている。さまざまな病気による死亡、就業状態、生産、犯罪などの統計が、どれを取っても驚くほどよく整備されている。『日本帝国統計年鑑』には、路上で行き倒れて死亡しているのが見つかった児童の数も記載されている。一九世紀からこれほどしっかりと統計データが集められている国は、あまりない。

これらのデータは本当に正確なのだろうか。それはわからない。しかし、少しの間違いはあるとしても、全国レベルで見て、大きなトレンドを探る上では大丈夫だろうというのが、研究者の感覚である。しかし、今回のような、政府による意図的で組織的な操作があると、その大前提が崩れてしまう。困ったことだ。

もう三〇年ほど前になるが、ある省庁の統計で、ある年からデータの区分が急に変更されていたことがあった。そうなると以前の統計とつながらず、分析ができないので、なぜこんなことをしたのか、関係者にたずねてみた。すると、たいした意味はないようだった。そんなことでは困ると言うと、それに対する答えは、「統計は研究者のために取っているのではない」ということだった！ということは、どんなに統計を取っても、それをもとに研究して政策に役立てているわけではない、ということなのだろう。こんな態度が、やがては恣意的な操作にもつながっていくのではないか。

日本の大学には、統計学を専門とする統計学部がない。医学の統計は医学部で、経済学の統計は経済学部で教えられてはいるのだが、統計学部はないのだ。ビッグデータの時代。もう少し、統計についてのリテラシーを上げねばと思うのである。

94　ベルツ博士の日記から

日本は長らく西欧世界とは関係が薄く、主に中国から学問や思想を取り入れてきた。しかも、江戸時代には鎖国をした。西欧で近代科学が発展するのは一七世紀なので、それはまさに江戸時代と重なっている。そうであれば、鎖国下の江戸時代という状況で、西欧近代科学はどのように取り入れられていたのか、とても興味がわくところだ。なぜなら、その後の明治時代の日本は、すごい速度で西欧の科学と文化を取り入れ、一応の近代化を結構十分に果たせたのだから。

鎖国下であっても、西欧の情報の取得は大事だと考えられていた。だから、長崎の出島にゲートを設け、細々ながらも、そこから蘭学を取り入れていた。中でも、キリスト教の布教を抑えながら、直接それに関係のない学問の書物は輸入してもよい、というように規則を変えた徳川吉宗の影響は大きかったと思う。その結果、西欧の天文学、物理学、化学、医学は、江戸時代にも学ばれていた。そして、ペリーの来航と開国である。その後、明治維新を経て、日本は西欧諸国との関係を深め、西欧列国と対等につき合える国になるべく、さまざまな政策を打ち出していく。

その中で、政府は多くの日本人を西欧に派遣し、法制度、科学、医学などを学ばせるとともに、大量の欧米人を「お雇い外国人」として雇い、政府のために働いてもらった。彼らは、アメリカ、英国、ドイツ、フランスなどから、数千人の規模で雇われ、語学教育から法律顧問まで、日本の近代化に貢献した。そのようなお雇い外国人の一人に、ドイツの医学者、エルウィン・ベルツがいる。彼は、東京大学医学部の前身にあたる東京医学校で医学を教え、通算二九年にわたって日本で暮らした。

その彼が日本を去るにあたって日記にしたためた記述は、現在でも重要な意味を持っていると私は思うのだ。「日本人は、科学の果実だけをほしがっている。しかし、お雇い外国人が日本人に教えたかったのは、果実そのものではない。科学という木を育て、その枝を増やしていくにはどうしたらよいかという、育て方だったのだ(10)」。

ベルツの嘆きはともかく、日本はその後、独自に科学を発展させることができた。結果、日本は科学分野でこれまでに二五人のノーベル賞受賞者を出すまでに至っている。それは素晴らしいことだ。

しかし、近代科学を自らの手で築いてきたのではない日本文化の中で、科学の営みが社会的にどのように受けとめられているのか、やはりベルツの指摘は、常に考えていきたい視点である。

95　パトロンなき時代

最近の大学をめぐる話題のほとんどは、大学の研究力を高め、それでお金を稼ぎなさい、という話に尽きるように思う。国立大学法人は税金から運営費交付金をもらっているが、国にはあまりお金がないので自分で稼ぎなさい、というのが一つ目。高い研究力を持つ大学は、新たなイノベーションを起こし、日本経済の発展に大いに貢献してほしい、というのが二つ目。昨今は地方が衰退していて困るので、地方大学が地方の中心となってお金を稼ぐ原動力になってほしい、というのが三つ目。

ここには、国、地方自治体、企業、大学という四者がある。これまで、経済的な観点からは大学という存在はたいして話題にならなかったし、この四者の間の密接な関係も限られていた。しかし、バブルの崩壊以降、日本経済は一向に上向きにならず、賃金も上がらず、いつのまにかずいぶんと質素な国家になってしまった。

たとえば、以前は企業の研究所が日本の科学研究の一翼を担っていた。その証拠に、ノーベル賞受賞者の中には、企業で研究していた人たちが多くいる。ところが、一九九〇年以降は企業が次々に研究所を閉じ、企業からの貢献はどんどん減少していく。

そこで、今まで放っておいた大学という存在を利用しない手はない、ということになり、日本経済再生の鍵として大学を変えようとしている、と私には見える。大学改革によって、大学という組織を第二の企業にしようとしていると思えるのだ。

欧米の大学も、金もうけのためにさまざまな事業をしている。しかし、欧米社会全体の根底には、お金を産むからではなく、人類の営みとしての学問に対する尊敬があるし、高等教育とは、民主主義社会を支える批判的思考力を備えた人材を作ることだという了解がある。

日本では、学術の意義や大学の価値に関しての国民的了解はあるのだろうか。日本の大学も欧米の大学と同じように、金もうけの事業展開をたくさんしよう、というのはよい。しかし、知的探究である学術の意義そのものが、お金を産むもとだからというのでは、学術の本来の意義は認めていないことになる。高等教育を受けた人間はどんな人間になるのか、それは高給取りになる最初の一歩です、というのでは、あまりに貧しい。

しかし、考えてみれば、学問も芸術も、もともと大金持ちがパトロンになって支えてきた営みなのである。金持ちがいなくなって、レオナルド・ダ・ヴィンチが自分で絵を売って食べていけと言われたら、どうしただろう?

96　生物をめぐる知識の箱

生物の働きを探る学門である生物学は、非常に多岐にわたり、複雑で用語が山のように出てくる。そこで、生物は暗記科目だということで敬遠されているらしい。たしかに、高校の生物の教科書を見ても、やたらに細かい現象の説明があって、生物というもの全体を俯瞰する視点がつかみにくい。私はずいぶん前から、これをどうにかできないかと考えてきた。その一つが、生命現象を直方体にまとめる考えである。

直方体の底の一辺は、生物の種だ。細菌類からヒトまで、知られている種の数は数百万に及ぶので、全部並べればとてつもなく長くなるだろう。しかし、分類群ごとにまとめて、植物、動物などとすれば、少しは短くなる。要するに、どんな生物を対象とするか、という軸である。

底のもう一つの辺は、生物が生きて繁殖するために行っている、さまざまな働きである。エネルギーの取り込み、栄養の代謝、不要物の排泄、成長、繁殖、恒常性を保つこと、免疫、社会性など、これも多岐にわたる。生物の諸機能と言い換えてもよい。

そして、上に伸びていく垂直な辺が、生物の階層を表している。生物は、細胞という単位を持っているが、細胞が集まって器官を作り、それらが集まって個体を作っている。さらに、同種の個体が集まって集団を作り、それらの集団がある地域の個体群を形成している。そして、異なる種に属する集団が集まって群集を作っている。一方、細胞よりも小さなレベルに降りていくと、細胞内の小器官があり、染色体があり、遺伝子がある。さらに細かく見れば、さまざまな分子が働いている。つまり、生物は、分子から遺伝子、細胞、個体、個体群、群集というように、階層性を持っているのである。

そこで、この直方体の全体が生命現象だとすると、生命のどんな機能について、どのレベルで、何の種類について話しているかを知れば、全部、この直方体の中の引き出しのどこかに納まるのではないかと思うのである。たとえば、植物の細胞内でのエネルギー代謝の話や、哺乳類の個体群での繁殖の話、といった具合だ。

そして、哺乳類の繁殖という機能を取り上げても、それを遺伝子のレベルで見るか、細胞のレベルで見るか、個体のレベルで見るかで、内容は異なる。また、種ごとに異なるものもあるが、動物全体のように大きく広げられるものもあるだろう。

箱自体が巨大であるのは事実だが、生物の知識が全部一つの箱に納まるのだと考えれば、知識がバラバラではなく見えてくるだろう。そんな生物の教育をめざしたい。

97 社会の活動を示す箱

XII―96で、生物をめぐる知識の構造を、大きな直方体に見立てて解説してみた。現生の生物には何百万種もが存在するが、まずはどの種の話かというのが一つの軸。そして、生物は生きて繁殖していくためのさまざまな機能を持っている。食物獲得、代謝、成長、繁殖などだ。それが二つ目の軸。最後に、それらの機能を果たしているのが生物のどのレベルであるか、ということだ。生物は、個体が中心にあるが、個体からもっと細かいレベルを見れば、器官、細胞、遺伝子、分子と下がっていける。一方、個体より上のレベルを見れば、個体群、群集、生態系と広がっていく。

そんなことを紹介したのは、この社会を動かしているさまざまな活動やその主体を、同じように大きな直方体で描けないかと考えているからだ。人間は生物であり、人間の社会は生物が行っている活動の総体なのだから、そこには共通点があるはずだ。だから、同じように整理できないかと思うのである。

生物の種に相当する区分は、昔は同じ言語や習慣を共有する「部族」のようなものだったのだろうが、現在では国家だろう。

生物の機能に相当するものは何だろう？　物質生産、水供給、流通、知識獲得、医療、衛生、子育て、教育、治安、防衛などだろうか。

最後に、それらの機能を果たしているレベルである。それは、個人が一番下で、その上に、家族、ご近所コミュニティ、地方自治体、国家、となるのだろうか。その他にも、何らかの目的を共有する横のつながりの団体があるかもしれない。

教育という機能を考えてみよう。個人では、自分で学ぶ学習である。家族では、その家族の内部で行う教育やしつけがある。ご近所コミュニティが担っている役割は、今はあるのだろうか。地方自治体や国家レベルでは、義務教育の実施やそれに対する支援がある。それを、日本という国だけで閉じてやっているのか、どこかの国と共同でやっているものがあるのかということで、国という軸を広げられるかどうかが決まるだろう。

これはまだまだ考え始めた段階なので、これでうまく行くのかどうかはわからない。しかし、こうやって人間社会の活動を直方体に構造化していくと、どこかのレベルでは何も行われていない部分があったり、横のつながりがほとんど見られなかったりする部分が見つかるのではないだろうか。

大学と地方自治体との連携なども、こんな直方体全体の中で考えると、もっと新たなことが見つかって、おもしろいのではないかと考えている。

98　データの活用とは

新型コロナウイルスの感染拡大は一大惨事ではあるが、私たちはこれを機会にいろいろなことを学んだと思う。それは実にさまざまな領域に及ぶのだが、今回は、データというものをどう見るかについて考えたい。

たしかにコロナは大変な病気であり、多くの人々が感染して亡くなった。日本では未だに多くの人々がマスク着用を、まるで義務のように考えている。しかし、ヨーロッパではもう誰もマスクなどしていないし、英国でもすべての行動規制が撤廃されたそうだ。

では、これまでに人口一〇〇万人当たりで、コロナによる死亡者がどれだけあったのだろう？ベルギー、スペイン、英国、アメリカなどが軒並み六〇〇人を超える中で、日本はたった一二人である[11]。ケタ違いに少ないのだ。その理由が何であるのかは定かではない。しかし、日本人はこの事実を知っているのだろうか。

ヨーロッパは個人の自由が最大限に尊重される文化なので、マスク着用は法令がない限り強制はできない。そして、みんなマスクをするのは嫌なのだ。その慣習が裏目に出て、これほどの死者数が出たと考えることもできるが、それでも彼らはもうマスクはしないし、カフェなどで自由に話している。

一方、日本人は、そもそも日本でこんなにも死者数が少ないことを知っているのだろうか。その上で、それが全員マスク着用の習慣があるために達成できたことだと判断し、マスク着用を続けているのだろうか。これは、データを知ることと、データに基づいて考えることの話である。

次は、データというものの質についてである。データは取れば何でも取れるだろうが、そこには質のよいデータと質の悪いデータがある。質の悪いデータは見分けて排除せねばならないが、それはできているのだろうか。たとえば、無症状の人たちに対してPCR検査を無料で行うという政策を採る。実際、そうした自治体はいくつもある。そうすると、それ以前の検査では、無症状なのにPCR検査をしたら陽性だったという率は一パーセント未満だったのに、無料検査導入後では、その数値が九パーセントにまでなった[12]。これは何だろう？　無症状者の感染率は、本当は何パーセントなのだろうか。これは感染しているのを知りながら、無料だからということで検査に来た人がたくさんいた、というだけのことなのではないか。

データをそのまま鵜呑みにしてはいけない。ビッグデータ時代には、データの質を見分け、どのように使うかの知恵が必須なのである。

99　データリテラシーの育成

XII—98では、ビッグデータ活用の時代と言われる現代、実際にデータを知り、データに基づいて考えることを私たちはしているだろうかという問題提起をした。ネットで調べればさまざまな情報が得られる。では、それらのデータの質はどうなのか、その判断をせねばならないのだ。

というわけで、人口一〇〇万人あたりの新型コロナウイルス死者数のデータや、無料PCR導入後の無症状で陽性の人の割合のデータなどを紹介した。XII—98では、わざとこれらのデータがどこで取られたどんな質のデータなのかを示さなかった。それは、読者のみなさんに、そのような疑問を持っていただきたかったからである。

科学者の仕事の重要な部分は、課題解明のためにさまざまなデータを取ることだ。だから、どうすればよいデータが取れるのかに苦慮し、発表された論文がどんなデータに基づいているのかにとことん注意を払う。科学者は、他人のデータをそのままでは受け入れない、疑り深い人々なのだ。

しかし、一般には、この態度が学校でよく教えられているとは思えない。すぐにネットで調べれば何でも出てきて、それでわかったような気になるなんて、言語道断なのに。XII—98で出したデータがどこから得られたのか、今回も種明かしはしない。みなさん、いろいろと調べてみてほしい。

ただ、私自身が信頼を置いている人からの情報だとは明言しておこう。

科学者は、自分の分野のデータについてはよく知っている。しかし、今や科学は細分化され、知識は深く複雑になり、ほんの少しでも分野が異なれば、科学者であっても、どれがよいデータなのかは容易に判断できない状況だ。そんな時に重要なのは、信頼できる科学者たちのネットワークである。

では、科学者ではない人々はどうしたらよいか。データを見たらその裏づけを探し、それらを批判的に見ながら、たくさんのソースに当たってみる。他の人々と議論する。その上で判断するしかないのだろう。

ウクライナにおける戦争から物価の上昇まで、専門家でない人々には、今言われていることが本当にそうなのかどうか、なかなか判断し難いのが現状だ。一昔前は、どういう背景で、どういう目的で報道がなされるのかを考える知恵をつけようと、メディアリテラシーの必要性が叫ばれていた。しかし、それが達成されるよりも先に、大量のデータが世に出回るようになり、データリテラシーとでも言うべき問題が出てきているのではないか。

100　人間を助ける機械とは

昨今の情報技術の発展は目覚ましい。たしかに世界は、そのおかげでここ数年の間に激変した。少し前までは思いもつかなかったような大量のデータを扱うこともできるようになった。何でも機械がやってくれるような社会が来るという期待の一方、人間の職業の多くが機械に奪われてしまうなどの危惧もささやかれている。

英国、オックスフォード大学にスーザン・グリーンフィールドという神経科学者がいる。一九九〇年代の彼女の本の一冊[13]に、未来の人間社会を想像したところがあった。脳科学と情報技術が発展して、脳の快感を制御する部分に自在に働きかけることができるようになった世界だ。そこで人々は何もせずに、薄ぼんやりと開けた目でバーチャルリアリティの世界を眺め、ほんわかとした快感に包まれて時間をつぶしている。

まるで麻薬中毒患者のようだ。みんながこんな暮らしになる世界なんて嫌だなあと思ったが、どうだろう。こんな世界になってはいないが、今流通しているゲームやソーシャルメディアその他のアプリはみな、人間の欲求にすり寄るものであり、やめることが難しい。電車の中でも街中の通りでも、ほぼ八割の人がスマートフォンの画面に釘づけになっている光景は奇異だ。

先日、ある会合で、情報関係の研究者の話を聴いた。その人は、情報技術が人間の能力に取って代わるのではなく、人間が自分で何かを達成するのを助ける働きをするべきだと考えを変えたそうだ。掃除も洗濯も機械でできます、ロボットがご注文を承ります、配達もします、お勧めメニューもお見せします、ではなく、ある人が何をしたいか、それをその人が自分で達成するにはどんな手助けをしたらよいかという観点から考えたいということだ。

つまり、技術の発明や改良を考えるのが楽しい研究者の側から何ができるかを追求していくだけではなく、人々が幸せで充実感のある生活を送ることを大目標とする。そして、その目標を達成するためには、ＡＩ、ロボット、情報技術がどのように役立てられるかを考えるのである。たとえば、テニスが上手になりたいと思う人には、自分で実際に上達するように仕向けるアプリを提供する。目標は本人が上達することであって、バーチャルリアリティの世界でテニスをすることではない。

昔から発明、改良されてきたさまざまな技術の多くは、人間の肉体的な重労働を軽減するものだった。それにもいろいろな副産物があるのだが、これからの技術には、人間が幸せに暮らすとはどういうことかをまずは検討し、その実現のためには何をするべきかについて、より深く考える必要があるのだろう。

引用文献

(1) Myowa-Yamakoshi, M., Scola, C., & Hirata, S. (2012). Humans and chimpanzees attend differently to goal-directed actions. *Nature Communications, 3*, 693.

(2) Nagasawa, M., *et al.* (2015). Oxytocin-gaze positive loop and the coevolution of human-dog bonds. *Science, 348*, 333-336.

(3) Ottoni, C., *et al.* (2017). The palaeogenetics of cat dispersal in the ancient world. *Nature Ecology & Evolution, 1(7)*, 0139.

(4) Meltzoff, A. N., & Moore, M. K. (1977). Imitation of facial and manual gestures by human neonates. *Science, 198*, 74-78.

(5) Myowa-Yamakoshi, M., Tomonaga, M., Tanaka, M., & Matsuzawa, T. (2004). Imitation in neonatal chimpanzees (*Pan troglodytes*). *Developmental Science, 7(4)*, 437-442.

(6) Ferrari, P. F., *et al.* (2006). Neonatal imitation in rhesus macaques. *PLoS Biology, 4(9)*, e302.

(7) デズモンド・モリス　別宮貞徳（監訳）（二〇一五）．人類と芸術の３００万年――デズモンド・モリス アートするサル　柊風舎、二九頁．

(8) Winship, L. (2019). Block-rocking beaks: Snowball the cockatoo – reviewed by our dance critic. *The*

Guardian, 8 July.（https://www.theguardian.com/stage/2019/jul/08/block-rocking-beaks-snowball-the-cockatoo-reviewed-by-our-dance-critic）
（9） https://www8.cao.go.jp/cstp/society5_0/index.html
（10） エルウィン・ベルツ　トク・ベルツ（編）菅沼龍太郎（訳）（一九四三―五二）．ベルツの日記　第1部（上・下）第2部（上下）　岩波書店
（11） 三菱総合研究所（二〇二〇）．各国の新型コロナウイルス感染者数・死亡者数の状況（https://www.mri.co.jp/knowledge/column/covid-19/dia6ou000001y4gx-att/Number_of_infections_and_deaths_202000929.pdf）
（12） 永井良三（二〇二二）．政府の新型コロナウイルスパンデミック対策に関する意見書（https://www.covid19-jma-medical-expert-meeting.jp/topic/7352）
（13） Greenfield, S.（1997）. *The human brain: A guided tour*. Weidenfeld & Nicolson.（新井康允（訳）（一九九九）．脳が心を生み出すとき　草思社）

著者略歴

長谷川眞理子（はせがわ・まりこ）

1952年東京都生まれ．1983年東京大学大学院理学系研究科人類学専攻博士課程単位取得退学．理学博士．専門は行動生態学．現在，総合研究大学院大学名誉教授・日本芸術文化振興会理事長．主著に，『進化とはなんだろうか』（岩波書店，1999年），『生き物をめぐる 4 つの「なぜ」』（集英社，2002年），『クジャクの雄はなぜ美しい？　増補改訂版』（紀伊國屋書店，2005年），『私が進化生物学者になった理由』（岩波書店，2021年）他多数．

ヒトの原点を考える
——進化生物学者の現代社会論100話

2023年 7月21日　初　版
2023年12月10日　第3刷

［検印廃止］

著　者　長谷川眞理子

発行所　一般財団法人　東京大学出版会

代表者　吉見俊哉

153-0041　東京都目黒区駒場4-5-29
https://www.utp.or.jp/
電話　03-6407-1069　Fax 03-6407-1991
振替　00160-6-59964

組　版　有限会社プログレス
印刷所　株式会社ヒライ
製本所　誠製本株式会社

ISBN 978-4-13-063382-6　Printed in Japan